21世纪

高职高专土建类设计专业精品教材

（建筑设计基础系列）

Fundamentals of Architecture

建筑初步

（上册）

袁　铭　马怡红　俞　波　编著

上海交通大学出版社

SHANGHAI JIAO TONG UNIVERSITY PRESS

内容提要

本书作为上海市精品课程"建筑设计基础——建筑初步"课程相配套的系列教材之一，是高职学生的专业基础入门书。该教材提出教材内容与能力培养目标一致的编写思路，主要包括专业概述、识图与制图两大部分内容。

教材特色体现在突出高职特色，针对专科学制、学生素质、市场需求等方面的特点和要求，对重要知识点采用教学单元的形式，通过不同角度进行阐释，并结合技能训练作业融会贯通，达到学生全面掌握所学知识的目的，作为该高职教育专业设计基础系列教材的重要组成部分，具有实践性、贯通性、易读性三方面的优点。插图来源于作者自摄照片、实践科研项目，也选取了其他相关书籍的经典图片。

读者对象：本书为高职高专建筑设计技术专业、城镇规划专业及相关专业教学用书，也可供相关专业的设计人员参考。

图书在版编目(CIP)数据

建筑初步.上册/袁铭，马怡红，俞波编著.—上海：上海交通大学出版社，2014
ISBN 978 - 7 - 313 - 10859 - 3

Ⅰ.①建⋯　Ⅱ.①袁⋯②马⋯③俞⋯　Ⅲ.①建筑学—高等学校—教材
Ⅳ.①TU

中国版本图书馆 CIP 数据核字(2014)第 024837 号

建筑初步（上册）

编　　著：袁　铭　马怡红　俞　波	
出版发行：上海交通大学出版社	地　　址：上海市番禺路 951 号
邮政编码：200030	电　　话：021 - 64071208
出　版　人：韩建民	
印　　制：上海锦佳印刷有限公司	经　　销：全国新华书店
开　　本：787mm×1092mm　1/16	印　　张：7.25
字　　数：157 千字	
版　　次：2014 年 2 月第 1 版	印　　次：2014 年 2 月第 1 次印刷
书　　号：ISBN 978 - 7 - 313 - 10859 - 3/TU	
定　　价：34.00 元	

前　　言

　　上海的高职院校中,设置建筑设计技术专业的只有济光学院,究其原因是因为济光学院源自同济大学,尤其是这个上海高职唯一的建筑类专业,在1993年济光学院开创之初的专业就是建筑设计。20年来,同济建筑系的教师与退休教师、在读研究生支撑着这个专业的教学。近年来,一群毕业于同济的硕士与博士成为济光建筑技术专业的教师骨干,他们结合教学实践,参与专业的课程改革,取得初步的成果后又重新组织力量,确立了进一步深化课程改革、推进建筑设计技术专业的课程体系建设的总体目标。其中建筑设计基础课程体系建设被列入上海市民办高校重点科研项目(2013年)。本套书《建筑初步(上)、(下)》与《建筑设计入门》、《设计绘画》组成了该重点科研项目中的课程改革系列教材。

　　济光学院的建筑设计专业培养的是高职专业人才,具体的就业岗位定位是建筑师助手。这个岗位要求学生有较好的对建筑设计方案的理解能力,可以参与建筑设计全过程,较熟练地运用设计软件完成建筑设计表达。为了在较短的教学时间内,提高教学质量和效率,建筑设计基础课程体系针对学生的职业技能培养,对各课程做了具体的目标设定。

　　《建筑初步》在教材内容选择上,根据建筑师助手这一岗位目标,对应学生的识图与制图能力、形态与空间分析与表达能力三种基本训练分为上、下两个分册。针对高职学生特点,运用基本技能单元的方法来组织教材内容,由浅入深,循序渐进,通过“一个单元教学、一个课题训练、一个技能掌握、一个创意闪现”的新方式,融“教、学、做”为一体,充分体现基础教学改革重在实践能力培养,融岗位技能培养与适度创新能力为一体的专业人才培养目标。

　　建筑设计是需要创新的,教材的编写中,编者注意到在进行基本技能的训练中也是可以进行创新能力的开发与培养的,这不仅是建筑设计专业的需要,也是学生当好建筑师助手,追求个性发展的基础,让每一个学生在社会发展中出彩是我们教育者的终极目标。

郑孝正

2013 年 12 月

目　　录

第1单元　建筑的基本知识

 单元课题概况

单元课题时间：本课题共4课时。

课题教学要求：

(1) 初步认识建筑，了解建筑的涵义。

(2) 了解建筑的不同分类方法。

(3) 了解建筑的基本构成要素以及各部分的作用。

课题重点内容：

(1) 从不同视角来初步认识建筑。

(2) 建筑的基本构成要素、类型。

课题作业要求：利用周末时间在城市里选择一个有代表性的公共建筑进行现场参观体验，可以是图书馆、博物馆、商场、办公楼、茶室等。

1.1　初识建筑

1.1.1　建筑的涵义

建筑是什么？在历史上很多名家对这个命题进行了思考，古罗马著名建筑师维特鲁威认为建筑的三要素是"坚固、适用、美观"；德国哲学家黑格尔认为"建筑是凝固的音乐"；法国大文豪雨果说"建筑是用石头写成的史诗"；近现代的建筑巨匠勒·柯布西耶认为"建筑是在光线下对形式的恰当而宏伟的表现"；菲利浦·约翰逊认为"建筑是研究如何浪费空间的艺术"；赖特认为"建筑是人的想象力驾驭材料和技术的凯歌"；贝聿铭认为"建筑是有生命的，它虽然是凝固的，可在它上面蕴含着人文思想。"当代建筑大师库哈斯则说"建筑是一种冒险"。这些建筑名家从不同角度对这个概念进行解读，总体看来，"建筑"可以从以下三个层面来理解：

(1) 建筑是建筑物与构筑物的统称，其中建筑物是指直接供人们进行生产、生活或其他活动的房屋和场所，如住宅、学校、办公楼、体育馆、影剧院等(见图1-1-1、图1-1-3)；构筑物指间接供人们使用的建造物，如烟囱、水塔、堤坝、桥梁等(见图1-1-2、图1-1-4)；其他如纪念碑、城市雕塑等也属于广义的建筑范围。

图 1-1-1　德国包豪斯设计学院　图 1-1-2　法国协和广场方尖碑

图 1-1-3　波茨坦广场办公楼　　　　图 1-1-4　英国伦敦塔桥

　　（2）建筑是人们为新建或改建建筑物（构筑物）时所进行的一种建造活动，是设计师为了满足社会生活的需要，利用所掌握的物质技术手段，并运用一定的科学技术、理念和法则来进行创造的特定行为。

　　（3）建筑是建筑学的简称，它是综合研究、设计和建造建筑物或构筑物的一门学科，它主要研究建筑功能、技术、艺术等方面的相互关系；研究如何综合运用结构、施工、材料、设备等方面进行建筑设计，以建造适应人们物质和精神需求的适用、坚固、美观的建筑物。

1.1.2　建筑的类型

　　从不同的角度而言，建筑物有多种分类方法，一般可按建筑物的性质和功能、层数和高度、规模等多角度进行分类。

1. 按使用性质和功能分类

建筑物根据其使用性质,通常可分为生产性建筑与民用建筑两大类:

(1) 生产性建筑是人们从事工业、农业、畜牧业、养殖业、渔业等生产以及生产辅助性的建筑,如各类工业厂房(见图1-1-5)、农业生产加工用房(见图1-1-6)等,其形式与规模一般由生产内容与生产工艺决定。

图1-1-5　德国某工业厂房

图1-1-6　荷兰某农业生产用房

(2) 民用建筑是满足人们日常使用的非生产性建筑,根据使用功能一般又可分为居住建筑(见图1-1-7)和公共建筑(见图1-1-8)两类。居住建筑是指供人们生活起居和活动使用的建筑物,包括住宅、公寓、别墅、宿舍、集体宿舍等;公共建筑是指供人们进行各种社会活动的建筑物,又可分为办公建筑、文教建筑、医疗建筑、商业建筑、观演类建筑、展览建筑、旅馆建筑、交通建筑、通信建筑、园林建筑、宗教建筑、纪念性建筑等。

图1-1-7　柏林马赛公寓

图1-1-8　德国历史博物馆

2. 按层数和高度分类

建筑物也可按照层数和高度分类,居住建筑一般采用层数进行分类:1~3层为低层建筑,4~6层为多层建筑(见图1-1-9),7~9层为中高层建筑,10层及10层以上为高层建筑。公共建筑则一般采用高度和层数分类;建筑高度不大于24 m和建筑高度大于24 m的单层建筑为普通建筑;建筑高度大于24 m的二层及以上建筑为高层建筑;建筑高度大于100 m或层数超过40层的为超高层建筑(见图1-1-10)。

图 1-1-9　多层公共建筑

图 1-1-10　超高层公共建筑

3. 按规模分类

建筑物的规模有单栋建筑规模和总体建筑规模之分。单栋建筑规模可分为:大型建筑——面积达到和超过 $10\,000\ \mathrm{m}^2$(见图 1-1-11),中型建筑——面积在 $3\,000\sim10\,000\ \mathrm{m}^2$,小型建筑——面积在 $3\,000\ \mathrm{m}^2$ 以下,居住建筑和学校虽然单栋建筑面积不大,但总体建筑量较大,所以一般被称之为集群建筑(见图 1-1-12)。

图 1-1-11　大型建筑

图 1-1-12　集群建筑

4. 其他分类方法

其他分类方法还包括按建筑物主要承重结构形式、按建筑主体结构的耐久年限、按建筑物主体结构形式等,比如按照承重结构形式又可分为砖混结构建筑、框架结构建筑、钢结构建筑等。

1.1.3　建筑的构成

一栋建筑物通常由 6 个基本部分构成:基础,柱和墙,楼面和地面,屋顶,楼梯和电梯,门和窗(见图 1-1-13)。

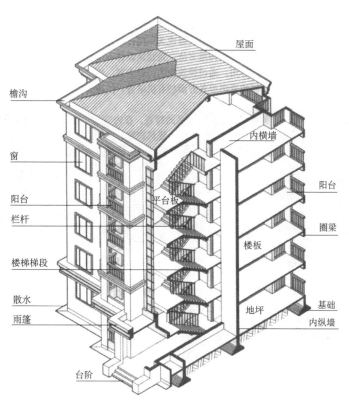

图 1-1-13　建筑物的构成要素

（图中标注：屋面、檐沟、窗、阳台、栏杆、楼梯梯段、散水、雨篷、台阶、平台板、内横墙、阳台、圈梁、楼板、地坪、基础、内纵墙）

1. 基础

基础是建筑物最底部的部分，它承受上部整个建筑的重量，并将上部整个建筑的重量传递给地基；地基是实际承受整个建筑重量的土层，不属于建筑物的组成部分（见图 1-1-14、图 1-1-15）。

图 1-1-14　条型基础

图 1-1-15　筏板基础

2. 柱和墙

柱是建筑物主要的竖向承重构件，承受其上部大梁、楼面及屋面的荷载（见图 1-1-16、

图1－1－17），在墙体承重的中小型建筑中，柱是在建筑物中起稳定作用的构造柱（见图1－1－18）。墙是建筑物的竖向围护和分隔构件，在部分中小型建筑中，墙也是建筑物的竖向承重构件，外墙除了有保温隔热、防潮防水、防火及隔声等功能以外，还必须符合建筑形体和建筑立面的设计要求（见图1－1－19）。

图1－1－16　装饰柱

图1－1－17　承重柱

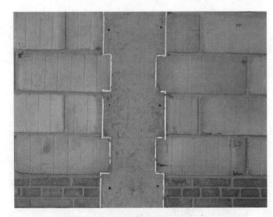

图1－1－18　构造柱

图1－1－19　建筑外墙

3. 楼面和地面

楼面和地面又称楼板层和地坪层，是水平方向分隔建筑空间的承重构件。楼板层（见图1－1－20、图1－1－21）用来分隔上下楼层空间，同时还作为下面一层的顶棚，它有隔声、保温隔热、防潮防水、防火等要求，在没有地下室的建筑中地坪层用来分隔底层空间，它与土壤直接相连。

图 1-1-20　某公共建筑地面

图 1-1-21　正在施工中的楼面

4. 屋顶

屋顶是建筑顶部的水平覆盖构件,也是体现建筑风格的重要元素之一,故又被称为建筑的第五立面,它既是承重构件又是围护构件。

承重:屋顶承受风霜雨雪荷载、施工过程和检修过程人员及设备的荷载、屋面使用活动的荷载,并将这些荷载和自重传递给墙或梁、柱,同时它与建筑的竖向构件相互支撑。

围护:屋顶也抵抗风、霜、雨、雪、冰雹等的侵袭和太阳辐射热的外部环境影响,防止外部干扰和侵袭;屋顶还需要满足承重要求、隔热保温要求、防水防火要求、美观要求等(见图 1-1-22、图 1-1-23)。

图 1-1-22　技术和艺术完美结合的玻璃穹顶

图 1-1-23　中国古建筑中的歇山顶

5. 楼梯

楼梯、电梯和自动扶梯是建筑中联系不同高度楼面及地面的交通设施,从严格意义上说,楼梯是建筑物的基本构件之一,而电梯和自动扶梯不属于建筑物的基本构件,这里不予详细介绍。楼梯(见图 1-1-24、图 1-1-25)广泛用于低层和多层建筑,在以电梯和自动扶梯作为主要交通设施的中高层、高层和超高层建筑中,必须同时设置楼梯以作为紧急疏散时使用。楼梯的设计要求通行方便、坚固耐久、安全防火并满足消防疏散要求,一般楼梯坡度大于 45°时称为爬梯,爬梯主要用于屋面和设备维修。

图 1-1-24　室外楼梯　　　　　　　　　　图 1-1-25　室内楼梯

6.门窗

门窗是建筑主要的围护及分隔构件,是非承重的建筑构件。其中门的主要功能是分隔与联系建筑空间,供人和物的交通出入,带有玻璃或通风小窗的门还有采光通风作用(见图 1-1-26)。窗的主要功能是分隔室内外空间、通风采光、观望等;此外,门窗对建筑物的外观设计和室内设计中也具有重要影响(见图 1-1-27),因此建筑物的门窗应满足以下 4方面的要求:采光和通风方面的要求,密闭性能和热工性能方面的要求,使用和消防安全方面的要求和室内外建筑造型方面的要求。

图 1-1-26　某住宅外门　　　　　　　　　图 1-1-27　某办公楼外窗

1.2　多维视角看建筑

对于建筑的认识不仅仅局限在其本身形态,人与社会中的诸多因素都会走进建筑学所要讨论的范畴,建筑的涵义随着时代的变化而变化。今天的建筑学已经成为一种多元开放的体系,不仅仅是技术层面,社会科学领域、文化艺术领域、哲学领域等都和建筑有着或多或少的交集。

1.2.1　从社会视角看建筑

建筑几乎是与人类社会一起产生的,从最原始的棚屋到现在的高楼大厦都是不可能超越人类社会的大背景,在过去的阶级社会中,人们处于不同的阶级地位,建筑也在一定程度上反映出这种社会等级。例如,在中国古代的封建专制社会中,无论是城市规划还是单体建筑,无不体现了当时的社会体制,庄严肃穆的宫殿(见图1-2-1)显示了"天子"绝对的统治以及不可逾越的等级制度,与同一时代的民居(见图1-2-2)形成鲜明的对比。

图1-2-1　故宫太和殿

图1-2-2　师家沟清代民居

受社会生活制约的建筑作为一种物质与精神的统一体,也体现着社会审美观念、反映社会面貌和时代精神的能力。例如,在专制奴隶制的古埃及,金字塔(见图1-2-3)完全不符合人体尺度的庞大形象,象征统治者超人的神秘法力和无上权威;在民主奴隶制的古希腊,神庙(见图1-2-4)的形象则较为明朗,与人相符的尺度和鲜明的秩序表现出自由生活和民主精神;而在今天的民主社会中,多元的价值取向使得建筑也具有了前所未有的丰富性与包容性,因此说建筑总是彰显出其自身所属的社会和时代。

图1-2-3　古埃及金字塔

图1-2-4　古希腊神庙

1.2.2 从文化视角看建筑

建筑不仅仅是一种单纯的建造活动,它也会延伸到思想领域来表达特定的文化思想,在任何时代的建筑中都体现着人类对自然、社会以及自身的理解和诠释。例如中国古代天人合一的文化理念的影响下,无论是园林还是建筑都会师法自然,中国传统的园林建筑(见图1-2-5)由院与建筑共同组成,是内向的,强调师法自然,与环境共生;而在西方的传统观念中,人是自然的主宰者,他们会将植株剪成规则的几何形状,完全控制自然的形式,因此西方建筑(见图1-2-6)则往往强调其本身形态,是外向的,体现出对自然的主宰和改造能力。中国建筑师是写意的,大到总体布局,小到局部装饰都有不同的意义;西方的建筑则有着严格的比例与尺度,体现了西方严谨的逻辑思维模式。

图1-2-5 苏州拙政园

图1-2-6 巴黎凡尔赛宫

不仅大的文化背景会影响建筑的表达,地区以及不同人群的文化也同样会产生不同的建筑模式。在中国,不同区域几乎都有属于该地区特有的建筑风格与形制,然而,在全球化的今天,地区上的文化差异和东西方的文化都在逐渐抹平和减弱,文化的趋同性带来了建筑的趋同性,在国际化大都市比如上海、纽约、北京、东京中,我们已经很难看出其中的显著差别,这些都是当代文化带给建筑的影响。

1.2.3 从艺术视角看建筑

建筑与艺术也有着千丝万缕的联系,如蒙德里安的抽象画与荷兰乌德勒支某住宅存在着内在逻辑联系(见图1-2-7,图1-2-8)。建筑和艺术相同的方面是因为建筑的艺术形象在一定程度上体现人们的审美观念,建筑的美感也是客观地存在于形式中的,建筑的艺术形式则是审美观念的体现;但是建筑与纯艺术也有所不同,纯粹的艺术只体现审美观念,没有物质方面的实用功效,只有鉴赏价值而没有实用价值,而建筑还有具体的实用功能,因此建筑的实用功能使得它与其他艺术有相同的方面,却又存在根本的差异。

一部分有具体功能的实用美术品,如器皿、家具、服装等,作为生活工具参与到人们生活的各个方面,它们也体现着审美观念,并反映着社会风貌,因此从这点上来说,艺术家与建筑师也是相通的。

图 1-2-7　红黄蓝的构成（蒙德里安）

图 1-2-8　乌德勒支住宅（荷兰）

1.2.4　从技术视角看建筑

　　建筑作为一种物质的存在，离不开建筑技术和材料，技术虽然只是构造建筑的手段，却是推动建筑发展最活跃的因素，建造技术能够证明和显示人的智慧和力量，是建筑美感的形式来源，建筑史上每一次建筑形式的重大变革都与新的建造技术分不开。建筑技术是建造房屋的主要手段，其中包括：材料技术（见图 1-2-9），结构技术（见图 1-2-10），施工技术，设备技术等。

图 1-2-9　清水混凝土建筑

图 1-2-10　德国慕尼黑安联足球场

　　在古代，无论是中国还是西方，建筑每一次向高大的挑战都会付出巨大代价，木结构和砖石结构都限制了在空间水平方向与垂直方向的发展，不断更新的建筑结构改变了我们的建造方法，也带来了新的建筑形式和功能：框架结构的出现将墙从承重的任务中解放出来，变得灵活自由；悬索结构与薄壳结构使得建筑内部空间扩大并没有了柱的干扰；而空间网架则可以覆盖更大的空间。在材料方面，钢筋混凝土的运用使得建筑摆脱了砖石结构的局限，不仅具有了可塑性，可以做成任何形状，而且给建筑高度的提升提供了可能性；钢结构则满足了超高层建筑的建造需要；玻璃外墙及轻质隔断材料也给现代的结构方式带来了巨大的影响（见图1-2-11）。

除结构及材料以外，其他方面的技术对建筑的影响也日益深刻地显现出来，例如，照明技术除了其功能作用外，还可以强化建筑的轮廓、光影和色彩，渲染出与建筑使用性质直接有关的品质（见图1-2-12），随着科技水平的提高和人类对新能源的探索，生态建筑、节能建筑（见图1-2-13）等新的理念也变成了当今建筑的发展趋势。

图1-2-12　上海外滩夜景

图1-2-11　巴塞罗那某公司总部大楼

图1-2-13　2010年上海世博会日本馆

作业1　参观体验建筑

利用周末时间在城市里选择一个有代表性的公共建筑进行现场参观体验，可以是图书馆、博物馆、商场、办公楼、茶室等。

时间：1周。

工具材料：速写本、钢笔、照相机。

成果：以PPT的形式在课堂上和同学们分享你参观的公共建筑，介绍该建筑的主要特点、基本构件等。

第2单元　建筑的发展概况

 单元课题概况

单元课题时间：本课题共4课时。

课题教学要求：

(1) 了解中国各历史时期的重要建筑。

(2) 初步认识中国各历史时期建筑的主要风格。

(3) 了解西方各历史时期的重要建筑。

(4) 初步认识西方各历史时期建筑的主要风格。

课题重点内容：

(1) 中国古代各历史时期的重要建筑。

(2) 中国古代建筑屋顶的五种基本形式：庑殿顶、歇山顶、悬山顶、硬山顶和攒尖顶。

(3) 西方古代各历史时期的重要建筑。

(4) 古希腊建筑的三种主要柱式：多立克柱式、爱奥尼克柱式和科林斯柱式。

(5) 四位现代建筑大师：瓦尔特·格罗皮乌斯，勒·柯布西耶，密斯·凡·德罗，弗兰克·劳埃德·赖特。

课题作业要求：通过查询资料的方式，了解本章介绍过的一个建筑，主要认识它的建造时期、建筑风格和特点。

2.1　中国建筑

2.1.1　中国古代建筑

1. 各时期的重要建筑

建筑最早起源于原始社会中，当时的人们为了躲避风雨和野兽的侵袭，栖息在树上或住在天然的洞穴里，随着社会的发展，人们用树枝和石头模仿天然的巢穴建造避身之处，开始了有文明意义的建筑活动。例如，西安附近的半坡村发掘出的五千年前原始穴屋(见图2-1-1)；郑州大河村古代聚落遗址(见图2-1-2)和浙江余姚河姆渡村发掘出的7 000年前建筑遗址中的带榫卯的木建筑构件(见图2-1-3)。

剖面 Ⅰ Ⅰ 复原想象

0   1   2米

发掘平面

图 2-1-1　西安半坡村 F22 遗址平面及复原想象图

1—灶坑；2—墙壁支柱炭痕；3、4—隔墙；5～8—屋内支柱

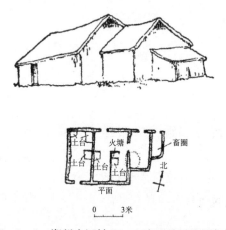

0   3米

平面

图 2-1-2　郑州大河村 F1-4 遗址平面及想象外观

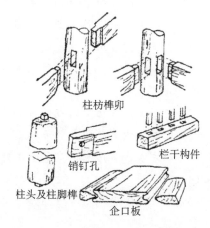

柱枋榫卯

栏干构件

销钉孔

柱头及柱脚榫

企口板

图 2-1-3　浙江余姚河姆渡村遗址房屋榫卯

　　中国的古代建筑是在以木材为主要材料的木构架建筑形式基础上，经过长期发展，成为从简单的个体建筑到复杂的城市布局都有完善制度和技术的建筑体系，与此同时，也形成了一种充满哲学伦理思想和丰富民族艺术特色的建筑文化。

　　秦朝（公元前 221—206 年）在中国的建筑史上主要留下了三个伟大的成就：长城、阿房宫和秦始皇陵。秦长城西起临洮（今甘肃岷县），东至胶东，它是在战国各国所建长城的基础上修建的，工程十分浩大，现今已几乎无存（见图 2-1-4）。阿房宫是秦始皇的离宫别苑，位于咸阳以南，此建筑物在秦末已被西楚霸王项羽烧毁，只留下遗址和文字记载。秦始皇陵有着"世界古代第八大奇迹"之称，它位于陕西临潼附近，其陵墓近似方形，夯土而成，东西宽 345 m，南北长 350 m，高 76 m，形如金字塔（见图 2-1-5），近年来在秦始皇陵的外围已挖掘出大量的兵马俑、铜马车等。

　　汉代（公元前 206—公元 220 年）的建筑保存至今的几乎没有，但在一些汉砖画像上，我们可以看到当时的房屋形象（见图 2-1-6），在汉代的建筑中已经可以清楚地看到建筑由屋顶、屋身和台基三部分构成，这说明我国古代建筑的许多特征在汉代已基本形成。

图 2-1-4　秦长城遗址

图 2-1-6　汉画像砖上当时的房屋形象

图 2-1-5　陕西临潼秦始皇陵

　　魏晋南北朝时期(公元 220—581 年),佛教在我国广为传播,产生了大量的佛教建筑,包括寺庙、塔和石窟,例如现存的河南洛阳白马寺(见图 2-1-7)、河南登封的嵩岳寺塔(见图 2-1-8)、山西大同的云冈石窟(见图 2-1-9)、甘肃敦煌的莫高窟(见图 2-1-10)、河南洛阳的龙门石窟等。

图 2-1-7　河南洛阳白马寺

图 2-1-8　河南登封嵩岳寺塔

图 2-1-9　山西大同云冈石窟

图 2-1-10　甘肃敦煌莫高窟

　　隋唐时期（公元 581—907 年）是我国古代建筑发展的成熟时期，隋朝开凿南北大运河，兴建都城大兴城（见图 2-1-11）和东都洛阳；隋朝工匠李春建造的河北赵县安济桥，是世界上最早的拱桥（见图 2-1-12），迄今为止还基本保存完好。唐朝时期兴建了大量的佛寺建筑，山西五台山的南禅寺（见图 2-1-13）建成至今已有 1 200 余年，五台山佛光寺（见图 2-1-14）建于公元 875 年，是我国现存的最古老、最完整的木构建筑之一。

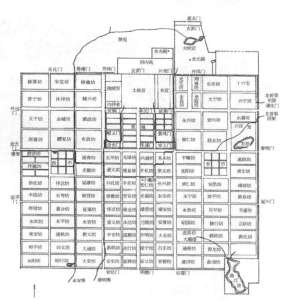

图 2-1-11　隋大兴城复原平面

(a)

(b)

图 2-1-12　河北赵县隋代安济桥

図 2-1-13　山西五台山南禅寺　　　　　　図 2-1-14　山西五台山佛光寺

　　宋、辽、金、元时期(公元 907—1368 年),由于两宋手工业和商业的发达,使建筑水平达到了新的高度,为了掌握设计与施工标准,节约营造开支,保证工程质量,北宋颁布了《营造法式》;宋朝兴建的建筑中有一部分很好地保留到现在,如河北定县开元寺内的料敌塔(见图2-1-15),建成于公元 1055 年,是我国现存最高的古砖石塔。

　　山西应县佛宫寺释迦塔俗称应县木塔(见图 2-1-16),建于辽代清宁二年,是如今留存最古老的木塔;山西晋祠圣母殿(见图 2-1-17)建于北宋天圣年间(公元 1023—1032 年);是中国宋代道教建筑的代表作;北京妙应寺白塔(见图 2-1-18)建于元朝至元八年(公元1271 年),是我国现存最早最大的一座藏式佛塔;山西芮城的永乐宫(见图 2-1-19)是典型的元代风格,殿内四壁及神龛内画满了壁画,线条飘逸流畅,构图统一、饱满。

图 2-1-15　河北定县开元寺内的料敌塔　　　图 2-1-16　山西应县佛宫寺释迦塔

图 2-1-17 山西晋祠圣母殿

图 2-1-19 山西芮城永乐宫

图 2-1-18 北京妙应寺白塔

图 2-1-20 北京故宫

明、清时期(公元1368—1911年)是中国古代建筑发展的最后一个高潮时期,故宫是这个时期建筑成就的重要代表,以太和殿、中和殿和保和殿为主要代表的宫殿建筑沿着一条南北向的中轴线排列,规划严整,气势雄伟,无论平面布局还是立体效果都是无与伦比的杰作(见图2-1-20)。曲阜孔庙以孔子的故居为庙,按照皇宫的规格而建,是中国现存规模仅次于故宫的古建筑群,也是中国古代大型祠庙建筑的典范。明清时期祭祀用的坛庙建筑代表作有天坛(见图2-1-21);南京的明孝陵、北京的明十三陵、清朝的东陵和西陵分别为明、清两朝著名的皇家陵墓。明、清时期的佛教建筑中,西藏拉萨的布达拉宫(见图2-1-22)是一座规模宏大的宫堡式建筑群,它始建于7世纪,大部分建筑完成于17世纪。

图 2-1-21　北京天坛

图 2-1-22　西藏布达拉宫

　　同时,我国地域辽阔,不同地区的人们也根据当地的自然条件、可利用的建筑材料和自己的生活习惯来建造房屋,形成了各种各样的民居建筑。我国现存的古代民居建筑中,除了少量是明代的住宅,大多为清代的住宅,例如北京的四合院(见图 2-1-23),福建土楼(见图 2-1-24),江南水乡民居(见图 2-1-25)及西北窑洞(见图 2-1-26)等。

图 2-1-23　北京四合院一角

图 2-1-24　福建土楼

图 2-1-25　江南水乡民居

图 2-1-26　西北窑洞

2. 中国古代建筑的基本特征

（1）建筑形态特征：中国古代建筑基本都具有屋顶、屋身和台基三部分，称为"三段式"，根据建筑物的功能、结构和艺术高度结合形成了独特的建筑形态。

屋顶的基本形式有五种：庑殿顶、歇山顶、悬山顶、硬山顶和攒尖顶。以这五种屋顶形式为基础，还可演化出其他的屋顶形式，如盝顶、重檐顶等（见图1-2-27）。

图 2-1-27　屋顶形式

（a）庑殿顶；（b）歇山顶；（c）悬山顶；（d）硬山顶；（e）攒尖顶；（f）重檐顶

中国古代建筑的屋身为建筑的主体,主要是木构架承重,外墙正面多为花格木门窗。

中国古代建筑一般都有台基,高出室外地面三至七级(取单数)台阶,一些重要的建筑外围用栏杆围合,台基做成须弥座形式。

(2) 建筑结构特征:中国古代建筑主要采用木构架结构,木构架是屋顶和屋身部分的骨架,在大型木构架建筑的屋顶与墙身过渡部分,有一种特有的构件称为"斗拱"(见图 2-1-28)。斗拱是由若干块方木和横木垒叠而成,用于支挑屋檐并具有装饰作用,早期斗拱为结构构件,到明清时期逐渐演变为纯粹的装饰构件(见图 2-1-29),斗拱多用于宫殿及寺庙等大型建筑中。

图 2-1-28　唐宋时期斗拱

图 2-1-29　明清时期的斗拱

(3) 空间组合布局特征:中国古代建筑如宫殿、坛庙、衙署、住宅等,一般都是由几个单体建筑组合而成的建筑群。它们通常以院子为中心,四周布置建筑物,每个建筑物的正面都面向院子,并在这一面设置门窗,如北京某四合院住宅(见图 2-1-30)。更大规模的建筑群是由若干个院子组成,且一般都有中轴线,沿着轴线可以对称或不对称布置多个形状、大小不同的庭院和建筑物。

图 2-1-30　四合院住宅模型

(4) 建筑装饰及色彩特征:中国古代建筑还包括梁枋、斗拱、檩椽、顶棚、屋脊、屋面等构件,综合运用了我国工艺美术以及绘画、雕刻、书法等方面的民间艺术进行加工,如额枋上的匾额、柱上的楹联、门窗上的棂格等,显示出丰富多彩、变化无穷的传统民族艺术风格(见图 2-1-31~图 2-1-34)。

我国古代建筑的色彩不仅彰显了民族文化、宗教内涵,还带有强烈的等级观念,如宫殿、庙宇用黄色琉璃瓦、朱红色的墙面,显得高贵富丽(见图 2-1-35)。而一般住宅多用黑色、白色、灰色、棕色或木本色,以显示民间住宅的文秀素雅(见图 2-1-36)。

图 2-1-31 装饰性斗拱

图 2-1-32 窗上的棂格

图 2-1-33 内部吊顶装饰

图 2-1-34 柱上的楹联

图 2-1-35 故宫

图 2-1-36 江南民居

2.1.2 中国近现代建筑

从 1840 年鸦片战争开始,中国进入半殖民地半封建社会,建筑也开始了近代化的进程,它一方面是中国传统建筑文化的延续,另一方面也受到西方建筑文化的影响,这两种建筑文化相互碰撞、交融,构成了中国近代建筑发展的主线。

随着西方列强的侵入,在外国租界和开放口岸出现了由外国人设计建造的国外领事馆、洋行、银行、商店、工厂、教堂、住宅等统称为"洋房"的新型建筑,如上海江南制造局(1865 年)、汉阳铁工厂(1890 年)等工业建筑;北京陆军部(见图 2-1-37)、外务部迎宾馆等新式衙署;南通商会大厦等。

图 2-1-37 北京陆军部

在中国近代建筑中,商贸类建筑如银行、洋行、海关、百货公司、饭店、影剧院等数量最多,构成近代城市新城区的主体。上海外滩的建筑群和南京路商业圈是一个典型例子,建筑群经过 19 世纪末和 20 世纪初的发展,近 30 座并排而立的洋式建筑构成"西方建筑博览会"(见图 2-1-38),其中建于 1925 年的新古典主义建筑汇丰银行被誉为"从苏伊士运河到白令海峡最豪华的建筑";另外还有建于 1925 年的古典复兴式建筑江海关大楼(见图 2-1-39)、建于 1929 年的装饰艺术派建筑上海沙逊大厦(今和平饭店,见图 2-1-40)和中西合璧的中国银行大楼(见图 2-1-41)等;南京路商业圈内有着"四大公司"之称的大新

图 2-1-38 上海"西方建筑博览会"

图 2-1-39 上海江海关大楼

图 2-1-40 上海沙逊大厦

图 2-1-41 中国银行大楼

图 2-1-42 国际饭店

公司、新新公司、先施公司、永安公司,皆是中国近代极具代表性的商业建筑,曾被誉为"远东第一影院"的上海大光明电影院具有高低错落、变化无穷的现代风格外形,犹如一只玻璃盒子。国际饭店(见图 2-1-42)是一座具有 24 层(地上 22 层、地下 2 层)的"远东第一高楼",它是当时国际上流行的摩天大楼建筑形式。

与此同时,也有许多新式住宅建筑出现:独立式别墅,如吴同文宅(见图 2-1-43)、马勒住宅(见图 2-1-44);多层与高层公寓住宅,如上海里弄住宅(见图 2-1-45)、上海百老汇大厦(见图 2-1-46)等。1927 年国民政府设立在南京后,以南京为政治中心、上海为经济中心,在 1929 年分别制订了"首都计划"和"上海市中心城计划",新建了一批行政办公建筑、文化体育建筑和居住建筑等,官方明确指定公署和公共建筑要采用"中国固定形式"。

进入到 20 世纪二三十年代,这是中国近代建筑发展的一个繁荣时期,此间掀起了建筑的民族形式和传统复兴形式的高潮。由著名建筑师吕彦直设计的中山陵(见图 2-1-47)是传统复兴建筑的重要代表,整组建筑群排列在一条中轴线上,它们在形体组合、色彩运用、细

图 2-1-43 吴同文宅

图 2-1-44 马勒住宅

图 2-1-45　上海里弄住宅

图 2-1-46　上海百老汇大厦

部处理上都很好地体现了中国传统建筑的风格;此外,他还设计了广州中山纪念堂(见图 2-1-48),它作为采用大跨度结构的八角形宫殿式建筑,将建筑形式与结构形式进行了高度统一,这两件作品是我国近代建筑融汇东西方建筑技术与建筑艺术的代表作。继中山陵之后,上海市政府大厦(1931 年,见图 2-1-49)、南京国民党史料陈列馆(1934 年)、上海江湾体育场(1935 年)、上海市博物馆、图书馆(1933 年,见图 2-1-50)、南京中央医院(1931 年)等,相继被建成具有传统复兴风格的建筑。

图 2-1-47　南京中山陵

图 2-1-48　广州中山纪念堂

图 2-1-49　上海市政府大厦

图 2-1-50　上海市博物馆、图书馆

1949年新中国成立后,建筑业迎来了新的发展时期,当时的建筑设计方针是"适用、经济,在可能条件下注意美观",这个原则对我国建筑发展影响长达30余年。在1959年建国十周年之际,北京建成了"十大建筑",即人民大会堂(见图2-1-51)、中国革命历史博物馆、中国人民革命军事博物馆(见图2-1-52)、北京火车站(见图2-1-53)、北京工人体育馆(见图2-1-54)、全国农业展览馆(见图2-1-55)、北京民族文化宫(见图2-1-56)、钓鱼台国宾馆、民族饭店、华侨大厦等,这些建筑在大力倡导民族风格的同时,也体现了简洁、实用的现代审美倾向。

图2-1-51 人民大会堂

图2-1-52 中国人民革命军事博物馆

图2-1-53 北京火车站

图2-1-54 北京工人体育馆

图2-1-55 全国农业展览馆

图2-1-56 北京民族文化宫

20 世纪 60 年代前期，中国经济处在调整时期，非生产性建设基本停止，建筑创作活动也随之冷落，从 60 年代中期到 70 年代的"文化大革命"时期，虽然建筑设计队伍受到严重摧残，但是在建筑风格的探索上仍然勇敢地迈出创新的步伐，如广州为出口商品贸易活动所设计的广州白云宾馆、白天鹅宾馆等（见图 2-1-57）。

　　20 世纪八九十年代，建筑创作进入百花齐放的时期，新的建筑风格不断涌现，著名华裔建筑师贝聿铭设计

图 2-1-57　广州白天鹅宾馆

的北京香山饭店（见图 2-1-58）是一个融入了中国传统建筑符号的现代主义作品；深圳国际贸易中心（见图 2-1-59）是一座高 53 层（160 m）的方形塔楼，它是我国首批超高层建筑；美国建筑师波特曼设计的上海商城（见图 2-1-60）是一幢办公商业综合楼，其底层架空的列柱形式与融入中国元素的门洞，体现了中西文化的交融；上海东方明珠电视塔（见图 2-1-61）高 468 m，建成当时为亚洲第一、世界第三高塔；建于 1997 年的上海体育场（见图 2-1-62）采用大悬挑钢管空间屋盖结构，其 73.5 m 的悬挑当时为世界第一；由美国 SOM 事务所设计的上海金茂大厦高 88 层（420.5 m），其造型采用了中国密檐塔的传统形式，并结合现代的钢结构材料，使整幢建筑带有浓郁的传统文化与现代建筑的韵味（见图 1-2-63）。

图 2-1-58　北京香山饭店

图 2-1-59　深圳国际贸易中心

图 2-1-60　上海商城

图 2-1-61　上海东方明珠电视塔

图 2-1-62　上海体育场

图 2-1-63　上海金茂大厦

　　21世纪以来，中国建筑发展速度之快为世界所瞩目，北京奥运会国家体育场（见图2-1-64）由普利茨克奖获得者赫尔佐格＋德梅隆完成，它的形态如同孕育生命的"巢"，故俗称"鸟巢"；北京奥运会国家游泳中心（见图2-1-65）是经全球设计竞赛产生的"水立方"方案；荷兰建筑师库哈斯设计的中央电视台总部大楼（见图2-1-66）是一个介乎于水平与垂直、动态与静态的新建筑，交织出巨大的"Z"字形空间结构，造就了浪漫与梦想的文化标志；法国建筑师安德鲁设计的上海浦东国际机场航站楼（见图2-1-67）、上海东方艺术中心（见图2-1-68）和北京国家大剧院（见图2-1-69）都是由钢结构、玻璃外壳、弧线构成的庞大建筑；上海世博会的标志性建筑中国馆（见图2-1-70），建筑外形以"东方之冠"为构思主题，表达了中国文化精神与气质；上海世博会文化中心（见图2-1-71）是一个符合现代理念的文化娱乐集聚区，它也是国内首个容量可变的大型室内综艺场馆，造型呈飞碟状，在不同

图 2-1-64　北京奥运会国家体育场

图 2-1-65　北京奥运会国家游泳中心

图 2-1-66　中央电视台总部大楼

图 2-1-67　上海浦东国际机场航站楼

图 2-1-68　上海东方艺术中心

图 2-1-69　北京国家大剧院

的角度与时间会呈现出不同的形态,白天如"时空飞梭"、似"艺海贝壳",夜晚则变幻迷离,恍如"浮游都市";广州大剧院(见图 2-1-72)是广州新中轴线上的标志性建筑之一,由曾获得"普利兹克建筑奖"的英籍伊拉克建筑师扎哈·哈迪德设计,建筑外形宛如两块被珠江水冲刷过的灵石,外形奇特,复杂多变,充满奇思妙想;上海中心大厦(见图 2-1-73)是正在建设的超高层地标式摩天大楼,由国际著名的美国 Gensler 建筑设计事务所设计,建成后总高为632 m,将成为我国最高的摩天大楼。

图 2-1-70　上海世博会中国馆

图 2-1-71　上海世博会文化中心

图 2-1-72　广州大剧院

图 2-1-73　上海中心大厦效果图

2.2　西方建筑

2.2.1　西方古代建筑

古希腊、古罗马时期,人们创造了一种以石质的梁柱和拱券作为基本构件的建筑形式,发展了石砌技术,并创造出多种优美的柱式和雕刻,这种建筑形式经过文艺复兴及古典主义时期的进一步发展,一直延续到20世纪初,这就是通常所说的西方古典建筑。西方古典建筑在世界建筑史上占有重要的地位,它对欧洲及世界许多地区的建筑发展都曾产生过巨大的影响。

古希腊的神庙建筑对后世的影响很大,它是用石制的梁柱围绕长方形的建筑主体形成一圈连续的围廊,柱子、梁枋和两坡顶的山墙共同构成建筑的主要立面。比如公元前五世纪,雅典人为纪念对波斯战争的胜利重建了雅典卫城(见图 2-2-1),其建筑群由山门和三个神庙组成,是西方古典建筑的杰出代表之一;建于公元前 460 年的古希腊波塞顿神庙,正立面有 6 根多立克柱,显得整个建筑庄重稳定(见图 2-2-2)。

图 2-2-1　雅典卫城

图 2-2-2　古希腊波塞顿神庙

古希腊建筑形式经过几个世纪的不断发展,逐渐达到了较为完美的境地,建筑物的基座、柱子和屋檐等各部分形成一定的组合,这些形式即为"柱式"。古希腊建筑的柱式主要有三种:多立克柱式、爱奥尼克柱式和科林斯柱式(见图 2-2-3)。多立克柱式造型简洁有力,给人以深厚刚毅的感觉,象征男性美,雅典卫城的帕提农神庙采用的就是多立克柱式;爱奥尼克柱式纤细秀美,形象丰富,曲折复杂,象征女性美,雅典卫城的胜利女神神庙和伊瑞克提翁神庙就大量使用爱奥尼克柱式;科林斯柱式是在爱奥尼柱式的基础上发展而成的,它的装饰性更强,但在古希腊的应用并不广泛,雅典的宙斯神庙采用的是科林斯柱式。

(a)　　　　　　　　　　　(b)　　　　　　　　　　　(c)

图 2-2-3　古希腊三柱式

(a) 帕提农神庙(多立克柱式);(b) 伊瑞克提翁神庙(爱奥尼柱式);(c) 宙斯神庙(科林斯柱式)

罗马时期的建筑达到了世界奴隶制时代建筑的最高峰,罗马人发明了由天然火山灰为材料的天然混凝土,从而创造了完善的拱券结构体系。罗马各地建造了许多拱桥和长达数千米的输水道(见图 2-2-4);罗马城的万神庙(又名潘泰翁神庙,见图 2-2-5、图 2-2-7)穹顶的直径达到 43.3 m,曾是现代结构出现之前世上最大的建筑物。角斗场、公共浴场也是古罗

图 2-2-4　罗马输水道

马的两大建筑成就,最大的角斗场科洛西姆角斗场(见图2-2-6、图2-2-8)占地面积约 2×10^4 m²,圆周长527 m,围墙高57 m,可以容纳近9万名观众;最大的浴场卡拉卡浴场总面积达 20×10^4 m²,可供1 600人同时沐浴,里面不仅有冷、热水浴,还设有图书馆、休息室、报告厅等。

图2-2-5　罗马万神庙室内

图2-2-6　罗马科洛西姆角斗场(内部)

图2-2-7　罗马万神庙

图2-2-8　罗马科洛西姆角斗场

罗马建筑师维特鲁威(Vitruvius)于公元前一世纪编写出著名的《建筑十书》,这套历经10年写成的巨著对建筑学进行了系统的论述:主要包括:第一书,建筑师的教育、城市规划及建筑设计基本原理;第二书,建筑材料;第三、四书,庙宇和柱式;第五书,其他公共建筑;第六书,住宅;第七书,室内装饰及壁画;第八书,供水工程;第九书,天文学、日晷和水钟;第十书,机械学和其他机械。

罗马帝国的末期,西欧的经济已经十分衰落,5世纪,大举涌来的落后民族于479年灭亡了西罗马帝国,建立了封建制度,因此5~10世纪,西欧的建筑十分不发达,10世纪后,自然经济被突破,为了争取城市独立的解放,市民展开了对封建领主的斗争,建筑也进入了新的阶段。

罗马帝国于公元395年分裂为东西两部分,东罗马又叫拜占庭帝国,其建筑代表作是圣索菲亚教堂(见图 2-2-9),拜占庭建筑风格对俄罗斯建筑影响很大,如莫斯科华西里·柏拉仁诺大教堂,基辅的圣索菲亚教堂等都属于拜占庭式建筑(见图 2-2-10)。

图 2-2-9　东罗马的圣索菲亚教堂　　　　　图 2-2-10　基辅的圣索菲亚教堂

　　西欧中世纪的文明史,包括建筑史在内从西罗马帝国末年到 10 世纪,史称早期基督教时期,以后大致以 12 世纪为界,前后分为两大时期,12 世纪及之前称为罗曼时期(Romanesque),之后称哥特时期(Gothic),在个别国家可延至 15 世纪。

　　罗曼建筑的进一步发展,就是 12~15 世纪以法国城市教堂为代表的哥特式建筑,哥特式建筑的特点是尖塔高耸、尖形拱门、大窗户及绘有圣经故事的花窗玻璃,它以蛮族的粗犷奔放、灵巧、上升的力量体现教会的神圣精神,透过彩色玻璃窗的色彩斑斓的光线和各式各样轻巧玲珑的雕刻装饰,综合地造成一个“非人间”的境界,给人以神秘感。哥特式建筑的代表作有巴黎圣母院(见图 2-2-11)、兰斯大教堂(见图 2-2-12)和科隆主教堂等(见图 2-2-13)。

图 2-2-11　巴黎圣母院　　　　图 2-2-12　兰斯大教堂　　　　图 2-2-13　科隆主教堂

图 2-2-14　比萨大教堂

在西欧中世纪哥特建筑的发展进程中,意大利的中世纪建筑独树一帜,并且水平很高。最具代表性的是意大利比萨大教堂(见图 2-2-14),教堂后面为钟塔,由于塔基的原因,这座塔楼还没造到一半就产生倾斜,并在造好之后还一直保持着倾斜的样子,于是它就得名"比萨斜塔"。另外,英国的杜伦姆教堂、日耳曼的克隆教堂、法国的昂古莱姆教堂等都是哥特时期的典型代表。

文艺复兴起源于 14 世纪意大利,这个时期的建筑不是简单地模仿或照搬希腊罗马的式样,而是在建筑理论、建造技术、艺术手法和类型规模上有很大的发展,埋没了近千年的古典柱式又受到重视,并广泛应用到各种建筑中,穹顶、券廊和柱式的组合成为文艺复兴时期建筑构图的主要手段。文艺复兴时期建筑的代表作有:意大利佛罗伦萨主教堂的大穹顶(1470 年,见图 2-2-15),穹顶内径 42 m,高 30 余米,梵蒂冈圣彼得大教堂(1506—1626 年,见图 2-2-16),英国伦敦的圣保罗教堂(1675—1710 年),威尼斯的圣马可广场(见图 2-2-17)等。

图 2-2-15　佛罗伦萨主教堂

图 2-2-16　梵蒂冈圣彼得大教堂

巴洛克建筑形成于文艺复兴晚期,其特点是在建筑上利用贵重材料,装饰琳琅满目,色彩艳丽夺目,建筑形式追求新奇和前所未有,其典型代表是罗马的圣卡罗教堂(见图 2-2-18)。

与意大利巴洛克建筑大致同时而略晚,17 世纪的法国古典主义建筑成了欧洲建筑发展

图 2-2-17　威尼斯圣马可广场

图 2-2-18　罗马圣卡罗教堂

的又一主流。古典主义建筑用柱式控制整个构图,构图简洁,形体几何性强,轴线明确,主次有序,以致完整而统一,代表作有巴黎卢浮宫(见图 2-2-19)、凡尔赛宫(见图 2-2-20)。

图 2-2-19　巴黎卢浮宫

图 2-2-20　凡尔赛宫

　　1648 年英国资产阶级革命爆发促进了欧洲资产阶级革命化,1789 年爆发了法国资产阶级大革命,英国和法国的两次资产阶级革命,决定了欧洲从封建制度进入资本主义制度。这时期的欧美建筑在千变万化之中,欧洲的建筑开始资本主义化并反映着当时的政治形势,美国则开始兴起罗马复兴式建筑和希腊复兴式建筑。当时著名的建筑有巴黎雄狮凯旋门(见图 2-2-21),英国伦敦的国会大厦(见图 2-2-22),美国华盛顿国会大厦(见图 2-2-23),纽约的海关大楼(见图 2-2-24)等。

　　到 19 世纪下半叶,欧洲和北美的建筑受到国界的影响已经很小,这时候各种建筑风格同时登台,从古埃及、古希腊到巴洛克和古典主义,甚至希腊复兴和哥特复兴,同时也产生了折中主义建筑,这个时期典型的建筑有巴黎歌剧院(见图 2-2-25),维也纳议会大厦(见图 2-2-26)等。

图 2 - 2 - 21　巴黎雄狮凯旋门

图 2 - 2 - 22　英国国会大厦

图 2 - 2 - 23　美国国会大厦

图 2 - 2 - 24　纽约海关大楼

图 2 - 2 - 25　巴黎歌剧院

图 2 - 2 - 26　维也纳议会大厦

2.2.2　西方近现代建筑

西方近现代建筑起源于 19 世纪工业革命,新兴的社会对建筑类型提出了新要求,国家机构的建立需要国会大厦、政府办公楼、法院、监狱,经济活动的进行需要银行、交易所、展览馆和商业建筑等,从事工业化生产需要工厂和科研实验室,进行文化、体育、教育等活动需要学校、图书馆、博物馆、体育场馆、剧场等,适应现代生活方式需要公寓、别墅、旅馆、医院和购物中心,交通运输需要车站、港口和各种市政设施,不同类型的建筑具有不同的功能要求,因此按使用功能进行设计成为近现代建筑的重要原则。

在工业革命前,建筑一直以砖、瓦、木、石为主要材料,随着生产力的发展,建筑中逐渐开始使用铁、钢、水泥、玻璃等新材料,尤其是混凝土和钢筋混凝土的普及,使得建筑结构得到极大发展。例如,英国工业革命时期的代表建筑伦敦水晶宫(见图 2-2-27),此建筑宽约 124 m,长约 564 m,高 3 层,大部分为钢结构,外墙和屋顶多采用玻璃,巴黎埃菲尔铁塔是巴黎世博会的标志性建筑(见图 2-2-28),高 320 m,是当时世界上最高的建筑。

图 2-2-27　伦敦水晶宫

图 2-2-28　巴黎埃菲尔铁塔

20 世纪 20 年代以后,新型建筑材料和新型结构形式层出不穷,如薄壳结构(见图 2-2-29)、折板结构、悬索结构、空间网架结构和塑胶充气结构等。随着新材料,新技术,新结构的发展,建筑的自重不断减轻,建筑的高度和跨度极限不断突破,这不但为进一步满足建筑的使用功能创造条件,同时也促进了建筑艺术形式的创新发展。

20 世纪初,在欧洲兴起了对新建筑的形式、功能和表现手法等方面的创新探索,称为"新建

图 2-2-29　薄壳结构屋顶

图 2-2-30 英国"红屋"

筑运动"，新建筑运动也是走向现代建筑的过渡时期，其主要流派有：

（1）英国的"艺术与工艺运动"，在建筑上主张到城郊去建造"田园式"住宅，代表人物罗斯金和莫里斯，代表作是建筑师魏伯设计的"红屋"（见图2-2-30）。

（2）比利时的"新艺术运动"，在建筑风格上反对历史样式，意欲创造一种前所未见的、能适应工业时代精神的装饰方法，在简洁的建筑外形上大量应用模仿自然草木形状的曲线铁构件，其代表人物有亨利·凡·德·费尔德，代表作有费尔德设计的德国魏玛艺术学校（见图2-2-31）。

（3）奥地利的"维也纳学派"，他们主张建筑形式应是对材料、结构与功能的合乎逻辑的表述，反对历史样式在建筑上的复古与模仿。代表作有瓦格纳设计的维也纳邮政储蓄银行（见图2-2-32）。

图 2-2-31 德国魏玛艺术学校

图 2-2-32 维也纳邮政储蓄银行

此时，美国兴起了芝加哥学派，它是现代建筑在美国的奠基者，又是高层建筑的起源，芝加哥学派的重要贡献是在工程技术上创造了高层金属框架结构和箱型基础，在建筑设计上肯定了功能和形式之间的密切关系，提出了著名的"形式服从功能"的口号；建筑造型上趋向简洁、明快的独特风格。其代表人物有詹尼、路易斯·沙利文，代表作品有第一莱特尔大厦、芝加哥家庭保险公司等。

第一次世界大战结束后，新建筑运动真正发展成为现代建筑运动，20世纪五六十年代，现代建筑风靡全球，以后虽然对现代建筑出现不同的理解和看法，但是现代建筑的设计思想和设计方法有着共同的特点：强调建筑的发展与工业化时代相适应；重视建筑的实用功能和建造的经济性；积极采用新材料、新结构；主张创造现代建筑新风格，强调建筑形式与内容的一致性；认为空间是建筑的主角，建筑空间比平面或立面更重要。

在这期间,建筑史上出现了公认的四位现代建筑大师:格罗皮乌斯、柯布西耶、密斯·凡德罗和赖特。他们的设计思想和设计作品为现代建筑的发展作出了重要贡献。格罗皮乌斯的包豪斯校舍设计(见图 2-2-33)体现了他对建筑教育和设计改革的观念,包豪斯学校也堪称现代设计之源。柯布西耶的萨伏伊别墅(见图 2-2-34)是他所提出的新建筑五点——底层架空、屋顶花园、自由平面、横向的长窗和自由立面的典型范例;朗香教堂(见图 2-2-35)则是柯布西耶在建筑形式创作中极富艺术想象力的作品,教堂设计成一个"视觉领域的听觉器体",象征了人与上帝的沟通渠道。密斯的巴塞罗那博览会德国馆充分体现了他提出的"少就是多"建筑原则,美国纽约西格拉姆大厦(见图 2-2-36)是一座高 158 m,共有 38 层的高级办公楼,它是垂直线条、底部透空、高高的玻璃摩天大楼,这座建筑充分地体现了他的建筑原则。赖特的流水别墅(见图 2-2-37)反映了他对环境和结构的大胆构思以及对有机的、诗意的建筑形式的追求;纽约古根海姆博物馆(见图 2-2-38)在建筑造型顺应内部坡道螺旋上升,表现出优美的曲线和斜坡,构成新颖的艺术品展览空间。

图 2-2-33　包豪斯校舍

图 2-2-34　萨伏伊别墅

图 2-2-35　朗香教堂

图 2-2-36　纽约西格拉姆大厦

图 2-2-37　流水别墅

图 2-2-38　纽约古根海姆博物馆

　　第二次世界大战结束后，随着经济的恢复，工业生产和科学技术迅速发展，对建筑也产生极大的影响，期间出现了建筑思潮"多元化"的时代，西方出现了许多新的建筑流派和作品，例如典雅主义、粗野主义、高技派、象征主义、后现代主义、解构主义等。这些新的建筑流派又称为"现代建筑之后"，代表作品有雅马萨奇设计的纽约世界贸易中心（见图 2-2-39），贝聿铭设计的美国华盛顿国家美术馆东馆（见图 2-2-40），福斯特设计的香港汇丰银行新楼（见图 2-2-41），其他还包括法国巴黎蓬皮杜国家艺术与文化中心（见图 2-2-42），纽约环球航空公司候机楼（见图 2-2-43），悉尼歌剧院（见图 2-2-44），以及费城栗子山母亲住宅（见图 2-2-45）、纽约美国电话电报公司大楼、德国斯图加特新美术馆（见图 2-2-46）等。

图 2-2-39　纽约世界贸易中心

图 2-2-40　华盛顿国家美术馆东馆

图 2-2-41 　香港汇丰银行新楼

图 2-2-42 　蓬皮杜国家艺术与文化中心

图 2-2-43 　纽约环球航空公司候机楼

图 2-2-44 　悉尼歌剧院

图 2-2-45 　母亲住宅

图 2-2-46 　德国斯图加特新美术馆

作业 2　著名建筑赏析

利用图书、网络资源库等多种媒介查询资料,了解本章介绍过的一个建筑,熟悉它的建造时期、建筑风格和建筑特点。

时间:1周。

工具材料:专业书籍与资料、电脑网络。

成果:把搜集的照片和资料整理成一个PPT,在课堂上和大家分享你对某建筑的认识。

第3单元　建筑设计专业概述

 单元课题概况

单元课题时间：本课题共4课时。

课题教学要求：

（1）了解普利兹克奖及其获奖者的设计思想、代表作品。

（2）初步了解建筑设计的涵义、主要阶段。

（3）熟悉建筑设计专业的主要特点。

课题重点内容：

（1）普利兹克奖获奖者及其代表作品。

（2）建筑设计工作包含的几个阶段，各有什么特点。

（3）建筑是一门多学科交叉的综合性专业学科。

课题作业要求：从历届普利兹克奖获得者中挑出一个你喜欢的大师，简要介绍他（她）的设计思想和一个代表作品。

3.1　建筑师和普利兹克奖

3.1.1　建筑师的工作

建筑设计是由具备相关专业资质的建筑设计院和建筑设计事务所承担，一项完整的建筑工程设计是由多专业的工程师共同参与、协作完成的，一般包括建筑师负责建筑设计；结构工程师负责建筑结构设计；设备工程师负责建筑设备设计；建筑造价工程师负责建筑概算、预算和成本控制，在专业分工的基础上，他们要相互配合，紧密合作。

建筑师、结构工程师和设备工程师的工作都是为人们的生活、生产和各类活动空间进行设计服务，然而建筑师一般是这项服务的首创者以及协调者。随着中国经济的发展，建筑行业逐步与国际接轨，建筑设计行业对建筑师的综合能力提出了更高的要求，建筑师的服务范围也在进一步扩大，目前，国际通行的建筑师执业服务程序和范围是通过咨询、设计、管理服务从而贯穿整个工程建设项目的全过程。

3.1.2 普利兹克奖

普利兹克奖(Pritzker Architecture Prize)是 1979 年由普利兹克家族的杰伊·普利兹克和他的妻子辛蒂发起,凯悦基金会(Hyatt Foundation)所赞助的奖项,每年约有 500 多名从事建筑设计工作的建筑师被提名,由来自世界各地的知名建筑师及学者组成评审团评出一个个人或组合,以表彰其在建筑设计创作中所表现出的才智、洞察力和献身精神,以及其通过建筑艺术为人类及人工环境方面所做出的杰出贡献,被誉为"建筑学界的诺贝尔奖"。

1. 贝聿铭

图 3-1-1 贝聿铭

贝聿铭(见图 3-1-1)为美籍华人建筑师,1983 年普利兹克奖得主,被誉为"现代主义建筑的最后大师"。他祖籍苏州,出生于民国初年广东省广州市,父亲贝祖贻曾任中华民国中央银行总裁,也是中国银行创始人之一,妻子卢淑华为中国留美学生,他们育有 3 儿 1 女,皆是美国著名建筑师。

贝聿铭的建筑设计有三个特色:一是建筑造型与所处环境自然融合;二是空间处理独具匠心;三是建筑材料考究和建筑内部设计精巧。这些特色在"东馆"的设计中得到了充分的体现,纵观贝聿铭的作品,既为现代都市增添了光辉,也体现了东方哲学和文化的精髓,比如美秀美术馆明显地显示了晚年贝聿铭的东方意境,这件作品标志着贝聿铭在漫长的建筑生涯中一个新的里程。

贝聿铭作品多以公共建筑、文教建筑为主,被归类为现代主义建筑,善用钢材、混凝土、玻璃与石材,代表作品有美国华盛顿特区国家艺术馆东馆(见图 3-1-2)、肯尼迪图书馆、法国巴黎卢浮宫扩建工程(见图 3-1-3)、香港中国银行大厦(见图 3-1-4)、1970 年日本世界博览会中华民国馆,近期作品有苏州博物馆、卡塔尔多哈伊斯兰艺术博物馆(见图 3-1-5)等。

图 3-1-2 美国国家博物馆东馆

图 3-1-3 法国巴黎卢浮宫扩建工程

图 3-1-4　香港中银大厦

图 3-1-5　伊斯兰艺术博物馆

2. 理查德·迈耶

　　理查德·迈耶(见图 3-1-6)为美国著名建筑师,1984 年获得普立兹克奖,他是现代建筑白色派的重要代表。1934 年,理查德·迈耶出生于美国新泽西东北部的纽华克,曾就学于康奈尔大学,早年在纽约的 S.O.M 建筑事务所和布劳耶事务所任职,并兼任过许多大学的教职,1963 年,迈耶在纽约组建了自己的工作室。

　　迈耶的作品以"顺应自然"理论为基础,他的材料常用白色,以绿色的自然景物衬托,使人觉得清新、脱俗;他善于利用白色表达建筑与周围环境的和谐关系,在建筑内部运用垂直空间和天然光线的反射达到富于光影的效果。他以新的观点解释旧的建筑语汇,并重新组合于几何空间,特别主张回复到 20 年代荷兰风格派和勒·柯布西耶倡导的立体主义构图和光影变化,强调面的穿插,讲究纯净的建筑空间和体量。

图 3-1-6　理查德·迈耶

　　迈耶的代表作品有法兰克福装饰艺术博物院、千禧教堂(见图 3-1-7)、史密斯住宅、道格拉斯住宅(见图 3-1-8)、加利福尼亚广播电视博物馆、新哈莫尼文艺俱乐部和巴塞罗那现代艺术博物馆(见图 3-1-9、图 3-1-10)。

图 3-1-7　千禧教堂

图 3-1-8　美国加利福尼亚广播电视博物馆

图 3-1-9　巴塞罗那现代艺术博物馆

图 3-1-10　巴塞罗那现代艺术
博物馆室内

图 3-1-11　安藤忠雄

3. 安藤忠雄

安藤忠雄(见图 3-1-11)为日本著名建筑师,1995 年获得普利兹克奖,他 1941 年出生于日本大阪,1959～1961 年考察日本传统建筑,1962～1969 年游学于美国、欧洲和非洲,1969 年在大阪成立安藤忠雄建筑研究所,设计了许多个人住宅。其中位于大阪的"住吉的长屋"获得很高的评价,此后安藤确立了自己以清水混凝土和几何形状为主的个人风格,也得到业界的极高评价。

安藤忠雄相信构成建筑必须具备三要素:一是可靠的材料,就是真材实料,这真材实料可以是纯粹朴实的水泥或未刷漆的木头等。二是纯粹的几何形式,这种形式为建筑提供基础和框架,使建筑展现于世人面前;它可能是一个主观设想的物体,也常常是一个三度空间结构的物体;当几何图形在建筑中运用时,建筑形体在整个自然中的地位就可很清楚地跳脱界定,自然和几何产生互动,人们在上面行走、停留、不遇期地邂逅,甚至可以和光的表达有密切的联系。三是"自然",这里所指的自然并非是原始的自然,而是从自然中概括而来的有序的自然——人工化自然或者说是建筑化的自然,他认为植栽只不过是对现实的一种美化方式,仅以造园及植物之季节变化作为象征的手段极为粗糙,抽象化的光、水、风是由天然素材与建筑同时呈现的。

安藤的代表作品有住吉的长屋(见图3-1-12)、光之教堂(见图3-1-13)、水之教堂(见图3-1-14)、风之教堂、普利兹克基金会美术馆、光明寺(见图3-1-15)、芝加哥住宅、水御堂等。

图3-1-12 住吉的长屋

图3-1-13 光之教堂

图3-1-14 水之教堂

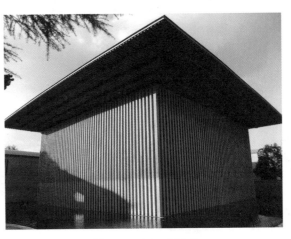

图3-1-15 光明寺

4. 雷姆·库哈斯

图 3-1-16 雷姆·库哈斯

雷姆·库哈斯(见图 3-1-16)为荷兰建筑师,于 2000 年获得第 22 届普利兹克奖,他早年曾做过记者和电影剧本撰稿人,1968～1972 年间,库哈斯在伦敦的建筑协会学院(AA School of Architecture)学习建筑,之后又前往美国康奈尔大学学习,1975 年,库哈斯在伦敦创立了大都会建筑事务所(OMA),后来 OMA 的总部迁往鹿特丹。

库哈斯早期受荷兰风格派的影响,对穿插的墙面很感兴趣,而后又受超现实主义的影响,爱用体块的组合,并积极利用建筑的必然元素创造出感染力强的空间。他的许多研究包括建筑作品都令人不解甚至迷惑,但不能不说他是当今最富有浪漫及乌托邦色彩的建筑师,是建筑师中的艺术家。

库哈斯的建筑创作首先是现代主义的,然后以此为基础加入了社会意义中的若干内涵,并以此作为其建筑创作的显著特征。从深层次讲,库哈斯受到超现实主义艺术很深的影响,希望通过建筑来传达下意识,传达人类的各种思想动机,建筑具有某些解构主义的特征,同时也具有通俗文化的色彩,因为他来自理性主义非常强烈而又极具创造力的荷兰,因此他的设计理念是解构、超现实的,这就是布罗德彭特称之为"高度直觉的解构主义"。

他的代表作品有拉维莱特公园(1982)、荷兰舞蹈剧院(1987)、波尔多住宅(1994)(见图 3-1-17)、荷兰驻德国大使馆(1997)、纽约现代美术馆加建(1997)、荷兰乌德勒支教育中心(1997)(见图 3-1-18)、西雅图图书馆(1999)(见图 3-1-19)、中央电视台新楼(2002)、荷兰驻德国大使馆(2004)(见图 3-1-20)。

图 3-1-17 波尔多住宅

图 3-1-18 荷兰乌德勒支教育中心

图 3-1-19　西雅图图书馆

图 3-1-20　荷兰驻德国大使馆

5. 扎哈·哈迪德

扎哈·哈迪德（见图 3-1-21）为英籍伊拉克人，2004 年获普利兹克建筑奖，她 1950 年出生于巴格达，在黎巴嫩就读过数学系，1972 年进入伦敦的建筑联盟学院（AA）学习建筑学，此后加入大都会建筑事务所，并执教于 AA 建筑学院，后来成立了自己的工作室，1994 年在哈佛大学设计研究生院执掌丹下健三教席。

扎哈的作品并非全然的西化与现代性，在伊拉克长大的扎哈从小便迷于波斯地毯繁复的花样，借由织工的双手，波斯地毯将现实转化为交缠丰富的世界。对扎哈设计思想最直接的影响是伦敦的建筑联盟学院，学院继承"建筑图像派"的传统，学院的多位师生——库克、库哈斯、楚米、寇斯将现

图 3-1-21　扎哈·哈迪德

代世界转化为他们作品的主题与造型，他们勇于做全新的现代主义者，捕捉不断变化的能量，企图为现代性提出新视点。

扎哈的设计思想有三方面特征：①信仰新的结构方式。现代主义源于新科技，不管是空间还是其他方面，现代主义者都可对任何资源做最有效的运用，这种"过度"导致对全新事物、对未来超乎现实的夸大，也因此导致了形的消失，导致造形的极度简化。②信仰新视点。我们已进入一个新世界，只是我们并未看出这点，我们仍沿用被教导的旧视点，唯有真正张开眼睛、耳朵或心灵来感知自己的存在，如此我们才会得到真正的自由。③重新诠释现代主义。她将新的认知转化为现存造型的重组，这些新的形体成为新现实的原型，借由新方式重现新事物，扎哈并未发明新的构造或技术，却以新的方法创造了一个新世界，以拆解题材和物件的方式找出现代主义的根，塑造了全新的景观。

扎哈的代表作品有：德国的维特拉（Vitra）消防站（见图 3-1-22）和位于莱茵河畔的园艺展览馆（1993/1999）（见图 3-1-23），法国斯特拉斯堡的电车站和停车场（2001），奥

地利因斯布鲁克的滑雪台(2002),美国辛辛那提的当代艺术中心(2003)(见图 3-1-24);中国北京银河 SOHO 城(见图 3-1-25)和广州歌剧院的设计也是扎哈·哈迪德的杰作。

图 3-1-22　德国维特拉消防站

图 3-1-23　威尔城州园艺展览馆

图 3-1-24　美国辛辛那提当代艺术中心

图 3-1-25　北京银河 SOHO 城

3.2 建筑设计的主要阶段

建筑设计是指在新建或改建建筑物之前,建筑师协同结构工程师、设备工程师等设计人员对建筑、结构、设备等事先作好通盘设想,拟定好解决可能发生问题的办法,用图纸和文件的形式表达出来,这些图纸和文件作为施工组织和各工种相互配合协调的共同依据,使整个工程得以在预定的投资限额范围内按照设计统一步调、顺利进行,使建筑物充分满足使用者的各种要求。

根据工程建设项目的基本程序,设计服务工作一般分为设计前期、建筑设计和设计后期三个阶段(见图3-2-1),建筑设计则分为方案设计、初步设计和施工图设计三个阶段,这三个阶段按照工程建设项目基本程序来进行,在时间进程和设计深度上依次递进,在一些小型建筑工程中,可以不做初步设计,从方案设计直接进入施工图设计。以下对设计前期和建筑设计阶段的主要内容进行重点介绍。

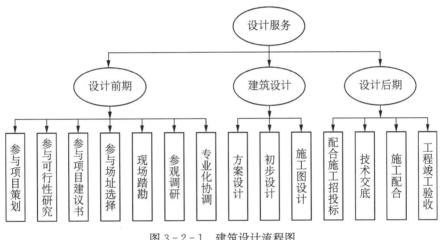

图3-2-1 建筑设计流程图

3.2.1 设计前期

建筑设计是一项复杂而细致的工作,涉及的学科多,并受到各种客观条件的制约,建筑师在正式开始设计创作之前,必须先要熟悉设计任务书,收集设计基础资料,开展调查研究等,对自然环境、城市规划要求、建筑功能、工程造价、工程技术和可能影响整个工程的每一个客观因素进行资料收集与调研,组织设计人员现场踏勘并与相关单位沟通,之后经过构思、酝酿、反复推敲比较后,拟出一定的设计思路与方案构架。

3.2.2 方案设计

方案设计是建筑设计的第一个环节,它是一项复杂的创作过程,是从无到有、从混沌到清晰的一个过程,也是方案从最初的构思、立意到最后表达为图纸的过程。同一个设计任务,由于构思角度不同,可以做出各种不同的方案,为了选出最佳方案,提高设计质量,根据《中华人民共和国招标投标法》的规定,在规模较大的项目或有重要影响力的项目设计中,需采用招标的方法来征集多种方案。

建筑方案设计文本是依据设计任务书和有关文件、规范而编制的,它一般应包括设计说明书、设计图纸、投资估算、透视图等四部分,一些大型或重要的建筑,根据工程的需要可加做建筑模型;其中设计说明书包括总图布局、建筑、结构、电气、给水排水、采暖通风与空气调节等各专业设计说明和技术经济指标,消防、节能、无障碍等说明专篇。设计图纸部分一般包括建筑总平面图(1∶500 或 1∶1 000)、各层平面图(1∶100 或 1∶200)、主要建筑立面和剖面图(1∶100 或 1∶200),以及必要的各种分析图。

3.2.3 初步设计

方案设计经建设单位同意和主管部门批准后开始初步设计,这一阶段的主要任务是在方案设计的基础上进行深化,协调解决建筑、结构、给排水、电气、通信、空调通风、动力等各专业之间的技术问题,并上报有关政府主管部门审批,一些小型工程可省略这一阶段,其深度介于方案设计和施工图阶段之间。

3.2.4 施工图设计

施工图设计是在初步设计经有关政府主管部门审查批复,并得到建设单位对相关问题的调整或答复后,在初步设计基础上进行的。施工图是施工单位进行施工的依据文件,它综合建筑、结构、给排水、电气、通信、空调通风、动力等专业的各种技术与施工要求,把满足工程施工的各项具体措施表达在图纸上,建筑施工图设计的图纸内容包括平立剖面图、详图、大样图、设计说明等。

3.3 建筑方案设计与专业特点

3.3.1 建筑方案设计的程序

1. 建立目标理念

一般来说,方案设计基本程序依次为建立目标理念、构思方案、建构方案和完善方案。建立目标理念可以从"安全、经济、适用、美观、环保、可持续发展"等几个角度展开,但具体到不同类型的建筑物时,需注意突出个性,建立自己的目标理念。例如博物馆的设计目标理念可以是"以人为本,以文物为本,服务社会";古建筑修缮的设计目标理念可以是"修旧如旧,再现辉煌"等。

2. 构思方案

(1)方案草图:在建立目标理念的基础上,要进一步确定方案明确的主题思想,表达建筑的主题思想同其他艺术(如音乐、绘画、文艺作品)一样,要清晰、简练、突出。例如,路易斯·康(LOUIS KAHN)经常以"光"为主题,通过光感与阴影的变幻,创造出动人的、有情节性的空间效果(见图 3-3-1);贝聿铭的作品出现过许多以三角形等几何形体为构图元素的设计主题(见图 3-3-2)。

图 3-3-1 埃克斯特图书馆内景

图 3-3-2 肯尼迪图书馆

把设计意图和主题思想进一步条理化并进行图解式的分析,有助于设计方案的深入发展,这时设计意图发展到了比较成熟的阶段,就形成了完整的设计概念,并且可以有条理地表现在图纸上,设计理念比设计意图要深入和成熟得多。

方案草图是设计构思与设计概念化的全面表现,方案草图不单是专业的表现技巧,更注重其表述的设计内涵,方案草图的训练需要成为建筑设计初步学习的基本工作,是表述专业语言的基本技能。由于设计理念就蕴含在方案草图中,因此,其能力就代表了设计构思的能力。

(2)思考角度:

① 比拟的角度。比拟是从近似的作品中获得启发,在建筑作品的实践中不乏优秀的实例,例如我们从贝聿铭的苏州博物馆(见图 3-3-3)中可看出对苏州园林(见图 3-3-4)的模拟;从 SOM 公司设计的金茂大厦(见图 3-3-5)中可看出对中国古代佛塔(见图 3-3-6)的模仿,建筑师的创作理念不是凭空产生的,因此广博的阅历与经验是至关重要的。

图 3-3-3 苏州博物馆

图 3-3-4 苏州园林——拙政园

图 3-3-5 金茂大厦　　　　　　　图 3-3-6 古代佛塔——嵩岳塔

② 隐喻的角度。隐喻是将事物的本身做艺术化的处理,再把建筑的功能整合到一起,例如,伍重的悉尼歌剧院(见图 3-3-7)就是对贝壳的艺术化处理。迪拜的七星级阿拉伯塔酒店(见图 3-3-8)外观则酷似扬帆起航的帆船。

图 3-3-7 悉尼歌剧院　　　　　　　图 3-3-8 迪拜阿拉伯塔酒店

③ 追求事物本质的角度。对事物本质的追求不是从表面上分析作品,而是注重寻求建筑设计中不可见的建筑本质的表现,有些建筑师认为这是建筑设计构思应该寻求的根本所在。例如,巴黎的蓬皮杜艺术与文化中心(见图 3-3-9)所要表达的艺术形象是把建筑内在的技术要素全部暴露出来,可以说是如实地追求建筑本质表现力。

图 3-3-9 巴黎蓬皮杜艺术与文化中心

图 3-3-10 华盛顿航空与空间博物馆内景

④ 直面问题的角度。这是指把设计构思中最直接、最简便的解决问题视为设计构思的最初反应和最根本设计原则,并且关注建筑功能的最基本需求,特别是在对功能性要求较强的建筑项目中。例如,美国 OBATA 设计的华盛顿航空航天博物馆(见图 3-3-10),完全是根据参观的人流流线和展品在空间布置的次序而设计的,最直接地解决了展览建筑的流线问题,达到了最合理的功能布局效果。

⑤ 理想化设计的角度。许多成功的建筑大师创造了各自设计思路的独特原则,形成个人的风格特色,在理论上有独特的设计理念和追求。例如,密斯(Mies van der Rohe)的作品追求表现同一性的空间(见图 3-3-11),赖特(Frank Lloyd Wright)追求草原式住宅(见图 3-3-12)的有机建筑理论,其他还有诸如白色派、高科技派、新陈代谢派、解构派等,无不表现某种设计创作的理想目标,作为理想化设计的依据。

图 3-3-11 伊利诺斯工学院建筑系馆

图 3-3-12 罗比之家

3. 建构方案

在构思方案的基础上,通过以下几方面具体来建构方案:①协调处理建筑物与周围环境的关系,确定建筑物位置和出入口。②组合与布置不同的使用空间,协调和处理建筑物各种使用功能空间之间的关系、交通流线与疏散路线的组织。③根据建筑功能空间形态特点,并考虑经济合理性来选择合适的结构体系方案。④研究并确定建筑立面、建筑形体、建筑风格、建筑材料等建筑美观方面的问题。⑤考虑建筑设备的特殊要求,确定建筑设备各系统的可能使用空间。⑥编写设计说明书;绘制建筑总平面图、各层平面图、主要立面图、剖面图;制作效果图;同时对项目的总体投资做出估算。

在建构方案过程中,以上几个方面并非是单独孤立进行的,而是相互影响、相互制约的。建筑师要协调形式与功能,总体与单体,整体与局部,建筑与结构、设备、材料及经济等各方面错综复杂的矛盾和关系,只有通过反复分析、比较,逐步优化方案,才能建构出合理的建筑方案。

4. 完善方案

将已建构的方案结合国家及地方有关工程建设的政策法规,国家现行的建筑工程建设标准、设计规范和制图标准,以及投资的有关指标,予以修改调整并根据建设方的选择和意见来修改、完善方案,得到最终成果。

3.3.2 建筑方案设计的内容

1. 功能设计

功能设计是建筑设计中最重要的设计要素,建筑功能可分为基本功能和使用功能。基本功能是指建筑物应当满足各种避风雨、防寒暑的要求,使用功能是指建造建筑物的主要目的,所有建筑物的基本功能是相似的,而不同类型的建筑使用功能各不相同。功能设计必须充分考虑不同使用要求,并保证这些使用要求的实现,还要考虑使用功能的可持续性和建筑物在使用过程中的可改造性,在建筑设计中,功能与形式应该是和谐统一的。

2. 形态设计

建筑物有其物质和精神的双重意义,也是社会的物质和文化财富。建筑物在满足功能要求的同时,还需要满足人们在美观方面的要求。建筑形态设计离不开环境的整体意识,建筑物在其所处环境中的形体特征,比例推敲,细部处理,以及形态与功能的和谐统一都是形态设计的重要内容。在有些建筑的形态设计中,还应该加入某种历史印记和地域特色,以使建筑更好地融入整体环境。

3. 空间设计

建筑空间有多层次涵义:首先我们用建筑物的基本构成元素(屋顶、柱和墙、楼面和地面、门和窗等)围合成具有功能的室内空间,若干个这样的室内空间通过走廊楼梯组合成一幢具有某种功能的建筑并形成建筑空间;多幢不同的建筑形成街坊,并由若干个街坊通过道路连接成城市。按以上建筑空间层次,对应到建筑空间构成序列是:室内设计→建筑设计→城市设计。其中,建筑设计不仅要考虑建筑内部的各个空间,还要考虑建筑外部的环境整体面貌,所以是整个建筑空间设计体系的核心。

(1)空间类型。

建筑空间按使用性质可分类为主要空间、次要空间和辅助空间等,在一幢办公楼里,各类办公室、会议室等都是主要使用空间,它们的面积大小、位置、朝向等使用要求应首先得到保证;卫生间、储藏室等属于次要空间,可以布置在朝向较差的位置;门厅、走廊、楼梯等属于辅助空间,其面积大小在满足功能要求的基础上应尽量考虑经济性和合理性。

按建筑空间的形成方式可分类为封闭空间、半封闭空间、开敞空间、流动空间、共享空间等,封闭空间相对完整、独立,私密性较好,适用于卧室、教室、办公室等;半封闭空间一般有顶无墙或部分无墙,介于室内与室外空间之间,可将建筑与外部空间隐约分离,并成为室内外的过渡空间(见图 3-3-13);流动空间的各个既有独立性又有联通性,如展览馆建筑中的各类展示厅就既有各自的完整性,又有相互之间的流通和延续;共享空间又称中庭,一般处于建筑中心,周围环有多层挑廊,顶部常设计为玻璃顶棚,中庭内可作为公共交流或休息场所,还可种植物花卉,共享空间常见于大型商场、旅馆、商务楼等(见图 3-3-14)。

图 3-3-13 半封闭空间

图 3-3-14 共享空间——中庭

(2) 空间组合。

垂直纵向组合:建筑空间的垂直纵向组合主要是各楼层之间通过楼梯、电梯、自动扶梯、坡道以及中庭等,将各种房间组合成或联通为垂直空间关系。

水平横向组合:建筑空间的水平横向组合主要是各楼层平面之内通过走道、门厅、休息厅等将各种房间组合成平面空间关系,或将建筑内部空间与外部空间作横向组合,以形成庭院、外廊、平台等。

3.3.3 建筑设计专业的综合维度

1. 多学科之间的交叉

建筑设计专业是多学科交叉的综合性专业,从宏观上必须研究与其相关的社会环境、自然环境、物质条件等因素;从微观来说必须综合协调建筑与人体、建筑与经济、建筑与美观、建筑与结构、建筑与设备、建筑与施工以及建筑与环境等方面的相互关系。随着社会的发展和科技的进步,建筑还必须研究和融入新的理念、新的技术以及新的材料,如建筑智能化系统、建筑生态学以及节能环保技术等。因此,好的建筑作品必定是多学科共同合作的成果。

2. 历史和现代的融合

无论是中国建筑还是西方建筑，都具有上千年乃至数千年的历史，我国1 200多年前的五台山南禅寺大殿、古希腊2 400多年前的帕特农神庙、古埃及4 000多年前的吉萨金字塔都依然存在，而我们现在生活在数千年后的21世纪，古时候的建筑文化如何得到传承，现代艺术和现代人的审美观如何与古时候的建筑形式相兼容，这些都是建筑师必须考虑的。现代建筑如果比邻古建筑、周围有古建筑或位于特殊的古建筑区域，那么，新建筑在设计时一定要考虑历史和现代的融合(见图3-3-15、图3-3-16)。

图3-3-15　卢浮宫博物馆　　　　　　　　　图3-3-16　万科第五园

3. 形象和逻辑的并重

建筑物是构成城市空间的主要内容，其体量之大、存在之久，对城市的形象和城市文化具有重要的意义。因此，对建筑物来说，其特定的环境、地位和功能应该具有特定的建筑形象。同时，建筑物也是为了满足人们生活、生产和各种活动需求的由物质构成的建筑内部与外部空间，在建筑结构、建筑设备、建筑材料及经济等方面具有严格的要求，属于工程项目的范畴，具有科学的逻辑性。总体而言，建筑物不同于其他工程项目，它需要形象思维和逻辑思维并重，即艺术性与技术性并重，建筑设计既是工程设计，又是艺术创作。

3.3.4　建筑设计专业的学习方法

1. 广泛阅读

对于建筑师而言，"广泛阅读"意味着我们不仅要从书本上间接地获得知识，还要从生活中直接地获得知识。由于建筑设计专业具有多学科交叉、历史和现代的融合、形象和逻辑的并重等专业特点，一个具有良好设计的作品，其设计者必定具有广博知识，这就需要我们平时点滴积累，从展览会、学术报告、新闻媒体、参加竞赛、国内外学术交流乃至娱乐等活动中汲取有用的知识，此外我们还要阅读大量经典和时尚的建筑设计作品，积累资料，见多识广(见图3-3-17)。

图 3 - 3 - 17　建筑展览　　　　　　　　　图 3 - 3 - 18　现场参观体验

　　由于建筑是直接供人们进行生产、生活或其他活动的场所,因此生活就是建筑设计的源泉,我们要从生活中直接阅读,周围比比皆是的建筑值得我们观察学习;我们生活的家园,其功能、尺度等问题都可以研究;我们参加活动的场所也值得分析借鉴。建筑界的前辈曾告诉我们:"学建筑要会生活";"处处留心皆学问",许多建筑师都会随身带着照相机、卷尺、笔记本等,这些经验值得借鉴(见图 3 - 3 - 18)。

　　2. 手脑结合

　　建筑设计是对一个设计项目从无到有、从粗到细、不断寻找解决各种矛盾的过程,是反复修改、逐步深入的过程,因此全局到局部、从总体到个体,都要经过深思熟虑、反复推敲。在这个思维过程中,建筑师主要是通过各类草图来发展思维、修改设计、比较讨论和表达成果的,有的建筑师甚至在构思方案时几天都不说一句话,敏于思而讷于言,手中的笔随着自己的思路在图纸上不停地移动,边考虑边修改,这就是手脑结合的设计过程(见图 3 - 3 - 19)。

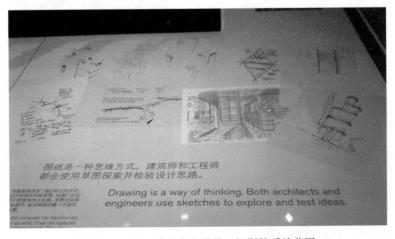

图 3 - 3 - 19　建筑大师诺曼·福斯特手绘草图

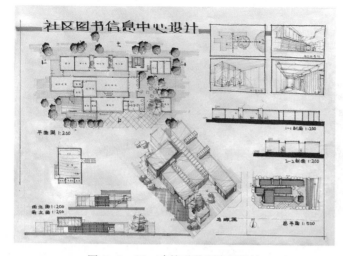

图 3-3-20　建筑系学生快题设计

建筑学专业的学生必须经过特定的训练使自己具有一定的绘画基础、鉴赏能力和徒手草图能力(见图 3-3-20)。在建筑设计的方案阶段,徒手画草图是捕捉灵感和发展思维的最好方法,有人说"绘画是建筑师的语言"一点也不为过,在建筑设计中除了用建筑图来探讨方案、修改设计之外,我们还要用图来表达设计成果、收集资料、上报有关单位审批等。

3. 在实践中学习

建筑设计工作的核心就是在设计过程中不断寻找解决各种矛盾的办法,不断修改,以获得最佳方案,设计过程本身就是实践过程,因此建筑设计专业的学习也只有通过不断的实践,在实践中不断发现问题并解决问题,再实践,再发现问题并再解决问题,才能使我们逐步积累科学的设计方法和手段,以用图纸和建筑模型将设计意图确切地表达出来(见图 3-3-21、图 3-3-22)。

图 3-3-21　测绘

图 3-3-22　做模型

作业 3　普利兹克奖获奖大师介绍

从历届普利兹克奖获得者名单中挑出一个你喜欢的建筑大师,了解他的生平,介绍他(她)的一个代表作品,讲出该建筑的特点和设计理念。

时间:1 周。

工具材料:资料书籍、电脑网络、笔记本。

成果:以 PPT 的形式把收集的大师资料和作品分析整理起来,在课堂讨论中分享给大家。

第4单元　建筑识图与制图

 单元课题概况

单元课题时间：本课题共36课时。

课题教学要求：

(1) 了解建筑制图的基本步骤。

(2) 了解建筑总平面图、平面图、立面图和剖面图的内容。

(3) 掌握绘制总平面图、平面图、立面图和剖面图。

课题重点内容：

(1) 建筑制图的基本方法。

(2) 总平面图和平、立、剖面图的概念、作用。

(3) 建筑图纸的制图标准。

(4) 建筑测绘的主要步骤。

课题作业要求：

(1) 线条练习：练习不同线条的画法。

(2) 总平面图：认识并绘制某建筑的总平面图。

(3) 平、立、剖面图：认识并绘制某建筑的平、立、剖面图。

(4) 建筑测绘：现场测绘并绘制某建筑。

4.1　建筑制图基础知识

4.1.1　制图工具

1. 纸

建筑工程设计制图中，常使用的绘图纸有卡纸和硫酸纸，卡纸分为白卡纸（见图4-1-1）与色卡纸（各种颜色卡纸），方案设计时常用卡纸来绘制图纸正稿，模型制作使用的卡纸一般称模型卡；硫酸纸用于各类需要复制或晒图的图纸绘制与草图设计（见图4-1-2）。

2. 笔

在建筑设计中常用的绘图笔有铅笔、针管笔等，铅笔上的字母H、B表示铅笔的软硬

图 4-1-1　卡纸

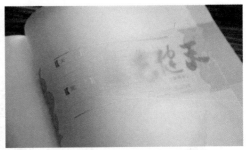

图 4-1-2　硫酸纸

度,H 表示硬,B 表示软,H 或 B 前面的数字越大,表示越硬或越软,方案构思稿和方案草图通常用软质铅笔;绘制工程图时,常用 H 铅笔打底稿,用 HB、B 铅笔来加深,铅笔线条要求画面整洁、线条光滑、粗细均匀、交接清楚。

　　针管笔上的数字(0.1,0.2,0.5 等)(见图 4-1-3、图 4-1-4)表示其笔头粗细,每种粗细的针管笔只可画一种线宽,针管笔通过笔头的细针管出墨,平时每次使用时要注意保养,用后应洗净笔头防止堵塞;相对传统针管笔而言,一次性针管笔不需特别保养,容易操作,对于初学者更为适用,工程图绘制中,使用针管笔在铅笔底稿之后上正稿墨线,可使图面看起来清楚美观,在平时绘制配景图时也要使用针管笔。

图 4-1-3　不同笔号的针管笔

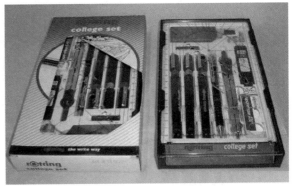

图 4-1-4　针管笔套装

　　3. 尺

　　在工程制图中,尺主要作为画线条和度量的工具,其种类很多,常用的有丁字尺、三角板、比例尺等。丁字尺又称 T 形尺,由互相垂直的尺头和尺身构成,一般采用透明有机玻璃制作,常在工程设计绘制图纸时配合绘图板和三角板使用。丁字尺可直接用于画水平线或用作三角板的支承物来画垂直线或与直尺成各种角度的直线。画图时,应使尺头紧靠着图板左侧的导边,画水平线时用丁字尺自上而下移动,运笔由左向右,三角板分直角三角板和斜角三角板,画垂直线用三角板由左向右移动,运笔自下向上(见图 4-1-5、图 4-1-6)。

图 4-1-5　用丁字尺和三角板画竖线　　　　图 4-1-6　用丁字尺画横线

比例尺是用来按一定比例量取长度的专用量尺,三棱尺(见图 4-1-7)是比例尺中最常用的一种,其上一般有 6 种比例刻度,每个面 2 种,绘图时将实际尺寸按选定比例在相应尺面上的刻度处量取即可(均以 m 为单位)。例如,要以 1:100 在图纸上画出实际长度为 1 m 的一线段,只要在比例尺 1:100 的尺面上找到刻度 1,那么尺面上从 0~1 m 的这段长度,就是在图纸上需要画的线段长,同一实物使用不同比例尺所画出的图面大小不同(见图 4-1-8)。

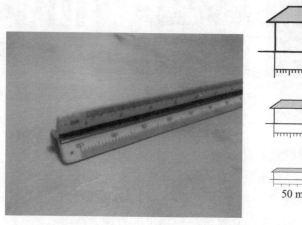

图 4-1-7　三棱尺

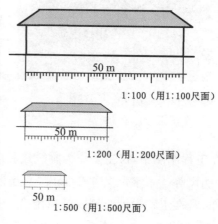

1:100（用1:100尺面）

1:200（用1:200尺面）

1:500（用1:500尺面）

图 4-1-8　使用不同比例尺画出同一实物

4. 其他工具

(1)绘图板:绘图板(见图 4-1-9)用来铺放和固定图纸,要求表面光洁、平整,板边(尤其是左边)是丁字尺的导边,必须平直,根据所画图纸的大小,常用的绘图板有 1 号图板、2 号图板等。

图 4-1-9　绘图板

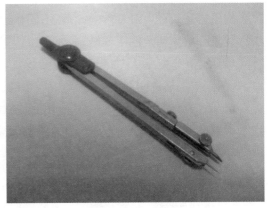

图 4-1-10　圆规

(2)圆规(见图 4-1-10):圆规是画圆及圆弧的工具,圆规的铅芯应磨削成约 65°的斜面,使用圆规时,将针尖调整得略长于铅芯头,圆规的针尖一端为锥形,另一端的针尖有针肩,使用时,应当用有"针肩"一端。用圆规画圆或圆弧时,一般从圆的中心线开始,顺时针方向转动圆弧,同时使圆规往前进方向稍作倾斜,圆或圆弧应一次画完。

(3)其他工具:除绘图板、圆规以外,各类制图模板、曲线板、胶带纸、橡皮、刀片、排笔(刷子)等也是在建筑工程制图中经常使用的工具。

5.计算机

计算机作为辅助设计工具应用于建筑制图已有多年,它大大提高了制图效率,使建筑师摆脱了繁重的手工制图工作,有更多的时间和精力专注于设计本身。AutoCAD(Auto Computer Aided Design)软件是美国 Autodesk 公司于 1982 年生产的自动计算机辅助设计软件,它被大量运用于绘制建筑的平面、立面和剖面图,是建筑师必须掌握的制图软件。在 AutoCAD 软件的基础上,我国开发出天正建筑 CAD 软件,它提供了更为高效、专业的建筑绘图工具,弥补了 AutoCAD 软件中的不足之处,让建筑师使用起来更为方便(见图 4-1-11、图 4-1-12)。

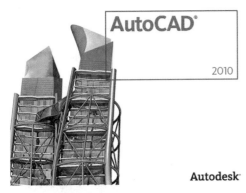

图 4-1-11　CAD LOGO

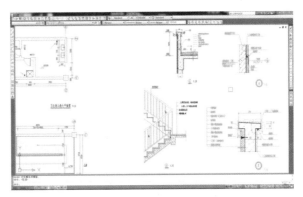

图 4-1-12　CAD2010 操作界面

4.1.2 制图要素

1. 工程线条

线条是建筑图上最基本的元素,不同粗细和不同线型的工程线条表示各种不同的含义。工程线条一般使用绘图工具绘制,要求比例正确,粗细均匀,光滑整洁,交接清楚。

(1) 线条分类:图线的线型分为实线、虚线、点画线、折断线、波浪线等几个大类,制图时,一般应按用途选用图 4-1-13 中所示的图线。图线的线宽组分别为:1.4 mm,1.0 mm,0.7 mm,0.5 mm(见表 4-1-1),绘图时应根据图的复杂程度与比例大小,先从线宽组中选定基本线宽 b,再选用表 4-1-1 中相应的线宽。

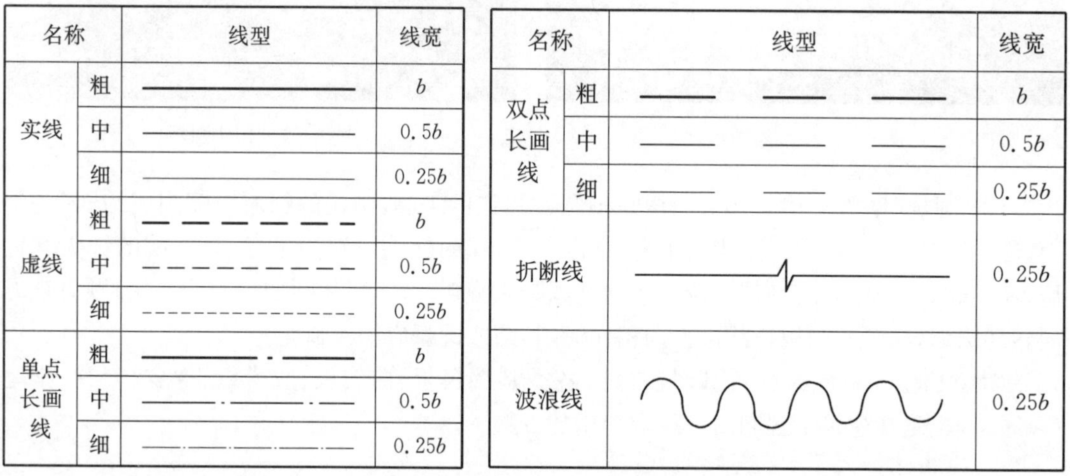

名称		线型	线宽
实线	粗		b
	中		$0.5b$
	细		$0.25b$
虚线	粗		b
	中		$0.5b$
	细		$0.25b$
单点长画线	粗		b
	中		$0.5b$
	细		$0.25b$

名称		线型	线宽
双点长画线	粗		b
	中		$0.5b$
	细		$0.25b$
折断线			$0.25b$
波浪线			$0.25b$

图 4-1-13 图线

表 4-1-1 线宽组 (mm)

线宽比	线宽组			
b	1.4	1.0	0.7	0.5
$0.7b$	1.0	0.7	0.5	0.35
$0.5b$	0.7	0.5	0.35	0.25
$0.25b$	0.35	0.25	0.18	0.13

(2) 制图标准。建筑制图标准应执行中华人民共和国国家标准(简称"国标")的《房屋建筑制图统一标准》。以下摘录部分重要条文:

4.0.3 同一张图纸内,相同比例的各图样,应选用相同的线宽组。

4.0.5 相互平行的图例线,其净间隙或线中间隙不宜小于 0.2 mm[见图 4-1-14(a)]。

4.0.6 虚线、单点长画线或双点长画线的线段长度及间隔,宜各自相等[见图 4-1-14(b)]。

4.0.7 单点长画线或双点长画线,当在较小图形中绘制有困难时,可用实线代替[见图

4-1-14(c)]。

4.0.8　单点长画线或双点长画线的两端,不应是点。点画线与点画线交接点或点画线与其他图线交接时,应是线段交接[见图 4-1-14(d)]。

4.0.9　虚线与虚线交接或虚线与其他图线交接时,应是线段交接。虚线为实线的延长线时,不得与实线相接[见图 4-1-14(e)]。

4.0.10　图线不得与文字、数字或符号重叠、混淆,不可避免时,应首先保证文字的清晰。

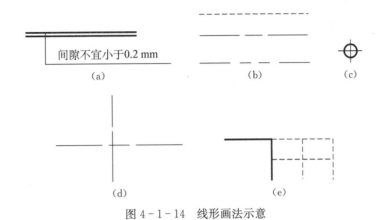

间隙不宜小于0.2 mm

(a)　　　　　　　　　　　　(b)　　　　　　　　(c)

(d)　　　　　　　　　(e)

图 4-1-14　线形画法示意

2. 工程字体

工程图纸上所需书写的文字、数字或符号等,均应笔画清晰、字体端正、排列整齐;标点符号应清楚正确。

(1)汉字:图纸及说明中的汉字,宜采用仿宋体或黑体,同一图纸字体种类不应超过两种。仿宋体(又称长仿宋体)是由宋体演变而来的长方形字体,它笔划匀称明快,书写方便,是工程图纸上最常用的字体,仿宋字一般高宽比为 3∶2,字间距约为字高的 1/4,行间距约为字高的 1/3,常用仿宋字的高宽关系如表 4-1-2 所示。黑体为正方形粗体字,在工程图纸上一般用作标题和加重部分的字体,黑体字的宽度与高度应相同。为使字体排列整理,书写大小一致,应事先在图纸上用铅笔淡淡地打上方格,预留好文字的数量和大小位置后再进行书写。书写文字时的笔划应横平竖直,注意起落。总之,字体练习是一个熟能生巧的过程,其要领虽不复杂,但要熟练地掌握,需要认真、反复、刻苦地练习。

表 4-1-2　常用仿宋字高宽关系　　　　　　　　　(mm)

字高	20	14	10	7	5	3.5
字宽	14	10	7	5	3.5	2.5

(2)拉丁字母、阿拉伯数字与罗马数字:图纸及说明中的拉丁字母、阿拉伯数字与罗马数字,宜采用单线简体或 ROMAN 字体,字高不应小于 2.5 mm,在书写技巧上,拉丁字母曲线较多,运笔要注意光滑圆润。在同一幅图纸上,无论是书写汉字、数字或是字母,应控制字体的类型种类,避免字体变化太多而使图面零乱。

(3)尺寸标注:建筑图上标注的尺寸应包括尺寸线、尺寸界线、尺寸起止符号和尺寸数字

（见图 4-1-15）。尺寸线应用细实线绘制，应与被注长度平行，图样本身的任何图线均不得用作尺寸线。尺寸界线应用细实线绘制，应与被注长度垂直，其一端应离开图样轮廓线不应小于 2 mm，另一端宜超出尺寸线 2～3 mm，图样轮廓线可以用作尺寸界线（见图 4-1-16）。尺寸起止符号用中粗斜短线绘制，其倾斜方向应与尺寸界线成顺时针 45°角，长度宜为 2～3 mm。图样上的尺寸单位，除标高及总平面以 m 为单位以外，其他必须以 mm 为单位，尺寸数字应根据其方向一般注写在靠近尺寸线的上方中部（见图 4-1-17），并不宜与图线、文字及符号等相交。相互平行的尺寸线，应从被注写的图样轮廓线由近向远整齐排列，较小尺寸应离轮廓线较近，较大尺寸应离轮廓线较远（见图 4-1-18）。平行排列尺寸线的间距，宜为 7～10 mm，并应保持一致。

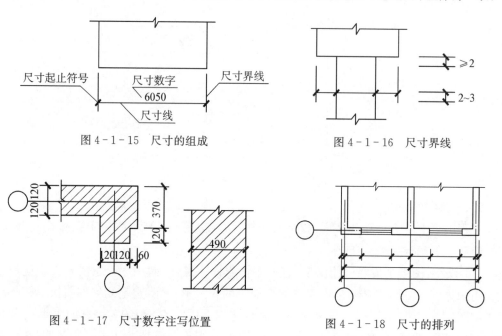

图 4-1-15　尺寸的组成　　　　　　　　图 4-1-16　尺寸界线

图 4-1-17　尺寸数字注写位置　　　　　图 4-1-18　尺寸的排列

（4）标高：建筑相对标高以底层室内地面完成面为零点标高，注写成±0.000，各楼层标高以当层室内地面完成面为标准，标高数字应以 m 为单位，注写到小数点以后第三位，在总平面图上可注写到小数点以后第二位。

标高符号及画法如图 4-1-19 所示，标高符号以等腰直角三角形表示[见图 4-1-19(a)]，当标注位置不够时，可按图 4-1-19(b)所示形式绘制。标注室外地坪标高的符号，三角形内宜涂黑，标高符号应用细实线绘制。

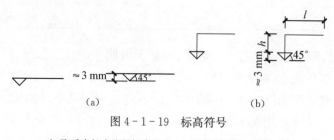

（a）　　　　　　　　　　（b）

图 4-1-19　标高符号

l-取适当长度注写标高数字；h-根据需要取适当高度

（5）指北针：指北针的形状及其画法如图 4-1-20 所示，其圆的直径宜为 24 mm，用细实线绘制，指针尾部的宽度宜为 3 mm，需用较大尺度绘制指北针时，指针尾部的宽度宜为直径的 1/8。在方案设计阶段，设计师也可根据特定目的选取其他类型的指北针。

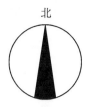

图 4-1-20　指北针

4.1.3　制图步骤

1. 工具准备

（1）图板、丁字尺、三角板、画图桌等绘图仪器及工具擦干净。

（2）根据绘图的数量、内容及其大小，选定比例，确定图纸幅面。

（3）固定图纸，一般图纸固定在图板的左下方，使图纸离左边约 5 cm，离下边约 1～2 倍丁字尺宽度。

（4）把必需的制图工具及仪器放在适当的位置，然后开始绘图。

2. 选定图纸幅面大小与排版

（1）在绘图前，先根据绘图的数量、内容及其大小，选定图纸幅面大小。图纸幅面是指图纸宽度与图纸长度组成的图面，常用的标准图纸幅面大小有 0 号图纸（A0）、1 号图纸（A1）、2 号图纸（A2）、3 号图纸（A3）、4 号图纸（A4）（见表 4-1-3）等；根据需要也可采用非标准图纸幅面。

表 4-1-3　图纸幅面尺寸　　　　　　　　　　　　　　（mm）

尺寸代号＼幅面代号	A0	A1	A2	A3	A4
$b \times l$	841×1 189	594×841	420×594	297×420	210×297

（2）根据图纸内容，选择横式幅面（见图 4-1-21）或立式幅面（见图 4-1-22），然后用 H 或 2H 铅笔画出标题栏、图框线、幅面线、装订边线和对中标志等。

（3）安排整张图纸中应画各图的位置，使各图疏密均匀，既不能拥挤，又要节约图纸，使图面饱满。

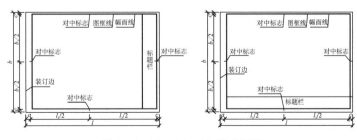

图 4-1-21　A0-A3 横式幅面

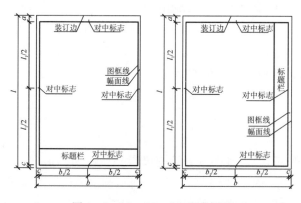

图 4 - 1 - 22 A0 - A3立式幅面

3. 底稿绘制

（1）根据所画图样的内容，确定出画图的先后顺序，然后用尖细的 H 或 2H 铅笔轻轻地画出图形线条。画轻线稿的顺序是：先画图形中的轴线、中心线、对称线，然后画出图形的主要轮廓线，最后再画细部图线。

（2）画尺寸线和尺寸界线时，尺寸起止符号可暂不画，数字暂不写，留待加深时再统一画，统一写。

4. 正图绘制

（1）底稿线完成后，要仔细检查校对，确定无误时方可进行正图绘制。

（2）画墨线一定要下笔准、快，绘制过程中应注意区分图线的线型和粗细，线条连接需光滑与准确，图面整洁。

（3）画墨线并没有固定的先后顺序，它随图的类别和内容而定，可以先画粗实线、中粗实线、中实线，后画细实线，最后画点画线、折断线和波浪线，也可先从画细线开始。加深同类型图线时，先曲后直，从上向下，从左向右，先加深所有竖线，再加深所有倾斜线及横线，为了避免触及未干墨线和减少待干时间，画粗墨线要先左后右、先上后下。

（4）图形的图线画好后，加深尺寸线和尺寸界线，画起止符号，填写尺寸数字等。

（5）复核检查图纸，复核过程中如发现错误，可用双面刀片来刮掉错误的地方，刮图要用力均匀，刮完图后不能立即用墨线笔画图，需用橡皮在刮图处先擦一下才能上墨线。

4.2 总平面图

4.2.1 概念、作用与表达

建筑总平面图是新建或改建建筑物所在基地范围内的总体布置图，它包括新建建筑、原有建筑和拆除建筑物、构筑物等的位置和朝向，室外场地、道路、绿化等的布置，地形、地貌、标高等以及建筑物与周围环境的关系和邻界情况等。建筑总平面图也是建筑物及其他设施施工的定位依据,以及绘制水、暖、电等设备管线总平面图和施工总平面图的依据。

建筑总平面图表达基本内容:①拟新建或改建建筑物基地所处的位置、大小、基地出入口及周边环境。②基地内的道路、广场、停车位与绿化布置等。③拟新建或改建建筑物在基地内的定位、出入口以及与其邻近建筑物、边界的关系。④拟新建或改建建筑物首层室内地面的相对标高与室外地坪及道路的绝对标高、建筑层数、建筑高度等。⑤相邻有关建筑物、拟拆除建筑的位置与范围,扩展建筑物的预留用地等。⑥指北针、经济技术指标与相应的图例或说明。

在目前建筑初步课程学习中,建筑总平面图仅需要表达的相对简单的内容:建筑基地、新建建筑物、道路、广场、停车位、出入口与绿化的位置,建筑层数、主要尺寸、主要经济指标、指北针等,为使图面增加空间感,可根据建筑物和各部分的高度打上阴影,如图 4-2-1,图 4-2-2 所示。

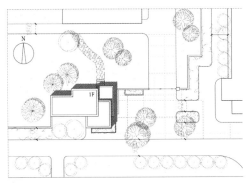

图 4-2-1 总平面图 1

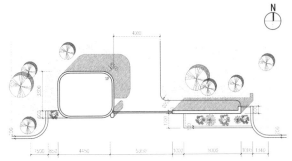

图 4-2-2 总平面图 2

4.2.2 制图标准与相关规范

1. 绘图比例

绘图所用的比例应根据图样的用途与对象的复杂程度,从现行的"国标"《房屋建筑制图统一标准》中选用。建筑总平面图的比例一般选用 1∶500、1∶1 000、1∶2 000,在具体建筑工程设计中,由于国土局及有关单位提供的地形图比例常为 1∶500,所以建筑总平面图的常用绘图比例是 1∶500。

2. 图例

由于建筑图的比例一般都小于实际尺寸,所以表达的内容基本都是用图例表示,建筑总平面图中的原有房屋、道路、绿化、围墙及拟新建建筑物等均有相应图例,常用图例如表 4-2-1 所示,在较复杂的总平面图中,如采用"国标"中没有的图例,应在图纸中的适当位置绘出新增加的图例。

表4-2-1　总平面图例

序号	名称	图例	备　　注
1	新建建筑物	8　▲	1. 需要时,可用▲表示出入口,可在图形内右上角用点数或数字表示层数 2. 建筑物外形(一般以±0.00高度处外墙定位轴线或外墙面线为准)用粗实线表示。需要时,地面以上建筑用中实线表示,地面以下建筑用地用细虚线表示
2	原有建筑物		用细实线表示
3	计划扩建的预留地或建筑物		用中粗虚线表示
4	拆除的建筑物		用细实线表示

3. 线型及其用途

线型及其用途如表4-2-2所示。

表4-2-2　线型及其用途

名称		线型	线宽	用　　途
实线	粗		b	1. 新建建筑物±0.00高度的可见轮廓线 2. 新建的铁路、管线
	中		$0.5b$	1. 新建构筑物、道路、桥涵、边坡、围墙、露天堆场、运输设施、挡土墙的可见轮廓线 2. 场地、区域分界线、用地红线、建筑红线、尺寸起止符号、河道蓝线 3. 新建建筑物±0.00高度以外的可见轮廓线
	细		$0.25b$	1. 新建道路路肩、人行道、排水沟、树丛、草地、花坛的可见轮廓线 2. 原有(包括保留和拟拆除的)建筑物、构筑物、铁路、道路、桥涵、围墙的可见轮廓线 3. 坐标网线、图例线、尺寸线、尺寸界线、引出线、索引符号等
虚线	粗		b	新建建筑物、构筑物的不可见的轮廓线
	中		$0.5b$	1. 计划扩建建筑物、构筑物、预留地、铁路、道路、桥涵、围墙、运输设施、管线的轮廓线 2. 洪水淹没线
	细		$0.25b$	原有建筑物、构筑物、铁路、道路、桥涵、围墙的不可见轮廓线

4.3　平立剖面图

建筑方案图除了总平面图之外,还要绘制各主要楼层平面图、立面图和剖面图,平、立、剖面图上要标出建筑的主要尺寸、各房间名称和面积、高度、门窗位置和室内布置等,以充分表达出设计意图。

4.3.1　正投影图

工程制图中用来表达建筑实体的图样是以投影几何中三面投影原理为依据而制作的线条图,即正投影图(见图4-3-1),正投影图用平行线来表示建筑物平行线,它所提供的是形体的二维信息,忽略第三维,因而相对简单,建筑平、立、剖面图都采用正投影图。

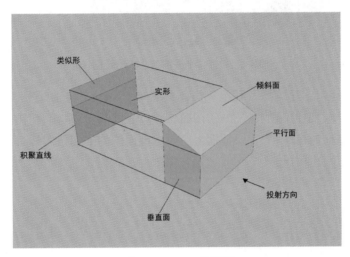

图4-3-1　正投影图

4.3.2　概念、作用与表达

1. 平面图

平面图是建筑设计图的基本组成部分,其形成假设沿着建筑物门窗洞口的高度约离开室内地面1.2 m,将建筑物水平切开,移走切面以上部分,然后作出切面以下部分的俯视水平投影图,即为建筑平面图(见图4-3-2),它反映出建筑物的平面形状、大小和组合布置;墙、柱的位置,尺寸和材料;门窗的类型和位置等。

对于多层建筑,一般应每层有一个单独的平面图,但有些建筑中几层平面布置完全相同,这时就可以只用一个典型平面来表示,这种平面图成为标准层平面图;因此平面图一般至少有底层平面图(表示第一层房间的布置、建筑入口、门厅及楼梯等)、标准层平面图(表示相同各层的布置)、顶层平面图(房屋最高层的平面布置图)以及屋顶平面图,即屋顶平面的水平投影。

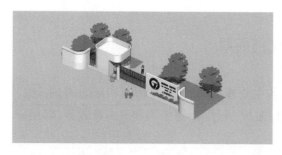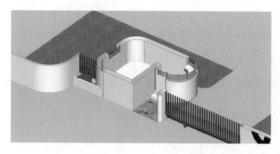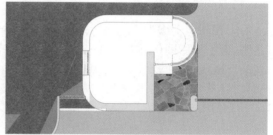

图4-3-2　平面图的生成示意图

平面图表达内容：①建筑物及其组成房间的名称、尺寸、定位轴线等；②墙、柱的位置和墙的厚度等；③走廊、楼梯位置及尺寸；④门窗位置、尺寸；⑤台阶、阳台、雨篷、散水的位置及尺寸；⑥室内、外地面的标高；⑦首层地面上应画出剖面图的剖切位置线，以便与剖面图对照查阅（见图4-3-3、图4-3-4）。

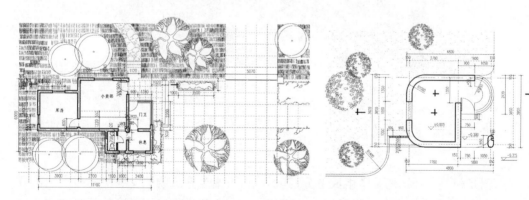

图4-3-3　平面图1　　　　　　　　　　图4-3-4　平面图2

平面图的方向尽量与总平面图方向一致，平面图的长边宜与横式幅面图纸的长边一致。在同一张图纸上绘制多于一层的平面图时，各层平面图宜按层数由低向高的顺序从左至右或从下至上布置。各种平面图均应按正投影法绘制，图内应包括剖切面及投影方向可见的建筑构造以及必要的尺寸、标高等，如需表示高窗、洞口、通气孔、槽、地沟等不可见部分，则应以虚线绘制。建筑物平面图应注写房间的名称或编号，编号注写在直径为6 mm细实线绘制的圆圈内，并在同张图纸上列出房间名称表。平面较大的建筑物，可

分区绘制平面图,但每张平面图均应绘制组合示意图。各区应分别用大写拉丁字母
编号。

2. 立面图

建筑立面图是将建筑物不同方向的表面,投影到垂直投影面上而得到的正投影图(见
图4-3-5),立面图一般分为正立面、背立面和侧立面,也可按建筑的朝向分为南立面、北立
面、东立面、西立面,还可以按轴线编号来命名立面图名称,如①轴—⑧轴立面图;Ⓐ轴—Ⓔ轴
立面图等。

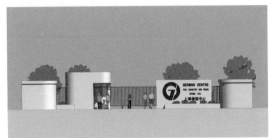
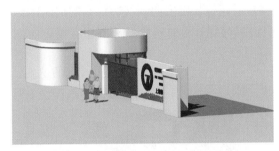
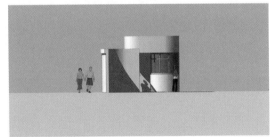

图4-3-5　立面图的生成示意图

立面图表达内容:①建筑立面的外貌形状,屋顶、门窗、阳台、雨篷、台阶等的形式和位
置,建筑的艺术造型效果;②建筑垂直方向各部分高度,包括建筑总高度(室外地面至檐口或
女儿墙顶)、建筑立面上门、窗、阳台、雨篷等能见到的各部分的高度尺寸、建筑外部装饰做法
等;③建筑室外的勒脚、花台、室外楼梯、施工图上还有外墙的预留孔洞、檐口、屋顶(女儿墙
或隔热层)、雨水管,墙面分格线或其他装饰构件等;④用文字或列表说明外墙面的装修材料
及做法(见图4-3-6、图4-3-7)。

图4-3-6　立面图1

图 4-3-7　立面图 2

3. 剖面图

建筑剖面图是依据建筑平面图上标明的剖切位置和投影方向，假定用垂直方向的剖切面将建筑物切开后得到的正投影图（见图 4-3-8），沿建筑长度方向剖切后得到的剖面图称纵剖面图，沿建筑宽度方向剖切后得到的剖面图称横剖面图，将建筑的局部剖切后得到的剖面图称局部剖面图。

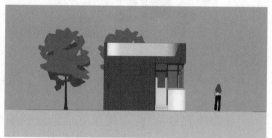

图 4-3-8　剖面图的生成示意图

建筑剖面图主要表示建筑在垂直方向的内部布置情况，反映建筑的结构形式、分层情况、材料做法、构造关系及建筑竖向部分的高度尺寸等。剖面图的数量是根据建筑物的具体情况和施工实际需要而决定的，其位置应选择在能反映出建筑内部构造比较复杂与典型的部位，并应通过门窗洞的位置和高度变化的位置。若为多层建筑，应选择在楼梯间或层高不同、层数变化的部位。剖面图的图名应与平面图上所标注剖切符号的编号一致，如 1-1 剖面图、2-2 剖面图等。在规模不大的建筑中，剖面图通常只画 1～2 个，当建筑规模较大或平面形状较复杂时，则要根据实际需要确定剖面图的数量。

剖面图表达内容：①建筑垂直方向的内部布置、分层和高度变化；②建筑的结构形式、构造关系，墙、柱的定位等；③建筑内部竖向各部分的高度尺寸，各层楼面及楼梯平台的标高、室内外地面高度、门窗洞口的高度等。注写标高及尺寸时，注意与平面图和立面图相一致（见图 4-3-9、图 4-3-10）。

076

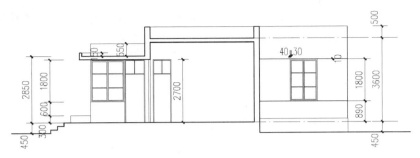

图 4-3-9　剖面图 1

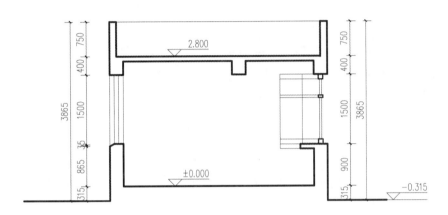

图 4-3-10　剖面图 2

4.3.3　制图标准与相关规范

1. 绘图比例

绘制建筑平、立、剖面图的比例有 1∶50、1∶100、1∶150、1∶200、1∶300 等,最常用的是 1∶100,包括总平面图、局部大样及配件详图在内的常用制图比例如表 4-3-1 所示。

表 4-3-1　常用制图比例

图　　名	比　　例
建筑总平面图	1∶500,1∶1 000,1∶2 000
建筑平面图、立面图、剖面图	1∶50,1∶100,1∶150,1∶200,1∶300
建筑局部放大图	1∶10,1∶20,1∶25,1∶30,1∶50
配件及构造详图	1∶1,1∶2,1∶5,1∶10,1∶15,1∶20,1∶25,1∶30,1∶50

比例大于 1∶50 的平面图、剖面图,应画出抹灰层与楼地面、屋面的面层线,并宜画出材料图例;比例等于 1∶50 的平面图、剖面图,宜画出楼地面、屋面的面层线,抹灰层的面层线应根据需要而定;比例小于 1∶50 的平面图、剖面图,可不画出抹灰层,但宜画出楼地面、屋面的面层线;比例为 1∶100～1∶200 的平面图、剖面图,可画简化的材料图例(如砌体墙涂

红、钢筋混凝土涂黑等),但宜画出楼地面、屋面的面层线;比例小于1:200的平面图、剖面图,可不画材料图例,剖面图的楼地面、屋面的面层线可不画出。

2. 常用建筑材料图例

常用建筑材料绘制的画法图例如图4-3-11所示。

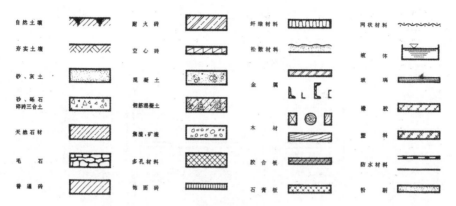

图4-3-11　常用建筑材料图例(共28种)

3. 线型及其用途

建筑平、立、剖面图常用的基本线型有粗实线、中实线、细实线、中虚线、细虚线、点画线、折断线、波浪线等,具体应用如表4-3-2所示。

表4-3-2　线型及其用途

名称	线宽	用　　途
粗实线	b	(1) 平、剖面图中被剖切的主要建筑构造(包括构配件)的轮廓线 (2) 建筑立面图或室内立面图的外轮廓线 (3) 建筑构造详图中被剖切的主要部分的轮廓线 (4) 建筑构配件详图中和外廓线 (5) 平、立、剖面图的剖切符号
中实线	$0.5b$	(1) 平剖面图中被剖切的次要建筑构造(包括配件)的轮廓线 (2) 建筑平、立、剖面图中构配件的次要轮廓线 (3) 建筑构造详图及建筑物配件详图中的轮廓线
细实线	$0.25b$	小于$0.5b$的图形线、尺寸线、尺寸界线、图例线、索引符号、标高符号、详图材料做法引出线等
中虚线	$0.5b$	(1) 建筑构造及配件不可见的轮廓线 (2) 平面图中较大设备轮廓线 (3) 拟扩建的建筑物轮廓线
细虚线	$0.25b$	图例线、小于$0.5b$的不可见轮廓线
单点长画线	b	较大设备,如起重机、吊车的轨道线
细单点长画线	$0.25b$	中心线、对称线、定位轴线
折断线	$0.25b$	不需画全的断开界线
波浪线	$0.25b$	不需画全的断开界线、构造层次的断开界线

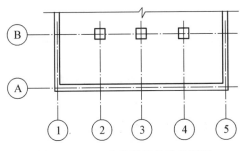

图 4 - 3 - 12　定位轴线的编号顺序

4. 轴线

定位轴线应用细点画线绘制,定位轴线一般应编号,编号应注写在轴线端部的圆内,圆应用细实线绘制,直径为 8～10 mm。定位轴线圆的圆心应在定位轴线的延长线上或延长线的折线上,平面图上定位轴线的编号,宜标注在图样的下方与左侧。横向编号应用阿拉伯数字从左至右顺序编写,竖向编号应用大写拉丁字母,从下至上顺序编写(见图 4 - 3 - 12),拉丁字母的 I、O、Z 不得用作轴线编号。

5. 尺寸单位

平、立、剖面图中尺寸单位均为 mm。

4.4　建筑测绘

4.4.1　概念与作用

建筑测绘是对已建成的建筑,按照建筑制图的方法和原则,通过对实际建筑的测量、记录和绘制,最终形成图纸的过程,它是从实物到图纸的过程,与图纸到实物的设计建设过程正好相反。

通过对已有建筑的测绘,可以更好地了解该建筑当时的设计和建造情况,从而更清晰地分析建筑及城市的历史,为研究建筑和城市历史提供重要依据,测绘的最终图纸是具有科学性的档案资料。对于学生来讲,通过建筑测绘练习可以进一步掌握建筑工程图纸与建筑实物之间的关系,巩固课堂内所学建筑制图的画法、步骤及规范,加深对平、立、剖面图与建筑空间之间关系的理解。

4.4.2　测绘工具

测绘工具有测量工具和记录绘图工具两部分,测量工具一般为卷尺,常用的有钢卷尺(5 m)或皮卷尺(30 m)(见图 4 - 4 - 1),记录与绘图工具有草图纸和坐标纸、速写本、画夹或小画板以及笔(HB～2B 铅笔,四色圆珠笔)等。

图 4 - 4 - 1　钢卷尺(左)与皮卷尺(右)

4.4.3 测绘步骤

建筑测绘基本可以分为六个步骤:观察对象→勾勒草图→实测对象→记录数据→分析整理→绘制成图。

(1)观察对象:在测绘前先要实际观察被测建筑物及其环境,观察被测建筑物的规模大小、外形特点、构成、结构、构造等,观察要仔细。

(2)勾勒草图:在观察完对象后就应该把观测好的建筑物及其环境概貌,先用笔和纸将大致的形体勾勒出来,以便记住。

(3)实测对象:用卷尺把所需要的数据在实测对象上测量出来(见图4-4-2)。测量建筑物应从整体到局部、从大到小、从概貌到细部。

(4)记录数据:被测对象的数据测量出来后,就应该把数据记录下来,数据要随测随记,以免遗漏或搞错,便于后面的绘图。

图4-4-2 现场实测对象   图4-4-3 分析整理数据

(5)分析整理:把前面所有的观察情况、勾勒草图、实测记录全部进行整理分析,确认无误后才能运用(见图4-4-3)。

(6)绘制成图:把测量和整理好的数据,在草图的基础上进行更加细致的修改,最后按制图要求绘制成测绘图。

作业4 线条练习

本作业训练学生使用制图工具绘制工程线条(见图4-4-4)的基本能力,熟悉建筑绘图工具的使用方法,并了解运用线条变化来表现图纸内容的方法。

时间:2周。

工具材料:(H、2H)铅笔,(0.2 mm、0.5 mm、0.8 mm)针管笔,60 cm丁字尺,三角板,刀片,绘图橡皮,圆规,2号图板,白卡纸,玻璃胶带纸等。

成果:一幅50 cm×36 cm的工程线条图。

操作步骤:参见"4.1.3 制图步骤"。

注意事项:

(1) 制图前重温上述"制图步骤"。

(2) 绘图的过程中一定要有耐心,严格遵照"4.1.3"的步骤,不可以急功近利,否则只能事倍功半。

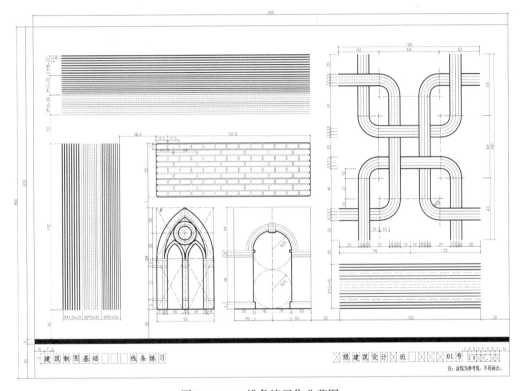

图 4 - 4 - 4　线条练习作业范图

作业 5　总平面图练习

抄绘中小型建筑设计方案图中的总平面图(见图 4 - 4 - 5),了解总平面图的主要内容,理解建筑总平面图与平面图、立面图、剖面图之间的关系,掌握建筑制图的方法、步骤、图例及规范。

时间:2 周。

工具材料:(H、2H)铅笔,(0.2 mm、0.5 mm、0.8 mm)针管笔,60 cm 丁字尺,三角板,比例尺,刀片,绘图橡皮,圆规,2 号图板,白卡纸,玻璃胶带纸等。

成果:一幅 50 cm×36 cm 建筑总平面图。

操作步骤:参见"4.1.3 制图步骤"。

注意事项:

（1）一般先画建筑物的基地，再画建筑物的基准线、中心线或轴线、主要轮廓线，后画道路、广场、停车位与绿化等，外轮廓线要用粗实线表示。

（2）应标注建筑物总长度、宽度、与相邻建筑的距离、退界距离等，并表示建筑的层数、标高等，还要标注图名、比例、指北针等；总平面图上标注的指北针应放在明显位置，所指的方向应与总平面图一致。

（3）总平面图上的植物等配景一定要画平面配景图案，植物的阴影线要与建筑成 45°角，用细斜线表示，图面内容要丰富饱满。

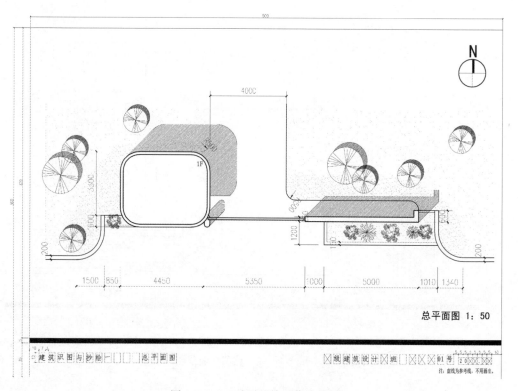

图 4-4-5　总平面练习作业范图

作业6　平立剖面图练习

抄绘中小型建筑设计方案图中的平、立、剖面图（见图 4-4-6），理解建筑总平面图、平面图、立面图、剖面图之间的关系，掌握建筑平、立、剖面图的制图方法、步骤、图例及规范。

时间：2 周。

工具材料：(H、2H)铅笔，(0.2 mm、0.5 mm、0.8 mm)针管笔，60 cm 丁字尺，三角板，比例尺，刀片，绘图橡皮，圆规，2 号图板，白卡纸，玻璃胶带纸等。

成果：一幅 50 cm×36 cm 建筑平立剖面图。

操作步骤：参见"4.1.3 制图步骤"。

注意事项：

（1）建筑平、立、剖面图的绘图比例一致。

（2）平面图应包括剖切面及投影方向可见的建筑构造以及必要的尺寸、标高等，并布置适当的家具及地面装饰。平面图的墙线要用粗实线，本作业墙厚为 240 mm；门窗及家具用细线表示，平面图上应注写房间的名称和楼层数。

（3）立面图上建筑的外轮廓线要用粗实线，门窗均用细线。立面图上要画出适量的植物配景立面图案以烘托建筑物，各个标高要统一放在一边，女儿墙和雨棚必须表示出来。外墙表面分格线应表示，并用文字说明各部位所用面材及色彩。有定位轴线的建筑物，宜根据两端定位轴线号编注立面图名称，如"①轴—⑧轴立面图；Ⓐ轴—Ⓔ轴立面图"等，无定位轴线的建筑物可按平面图的朝向和主次确定名称，如"南立面图、北立面图、正立面图、背立面图"等。

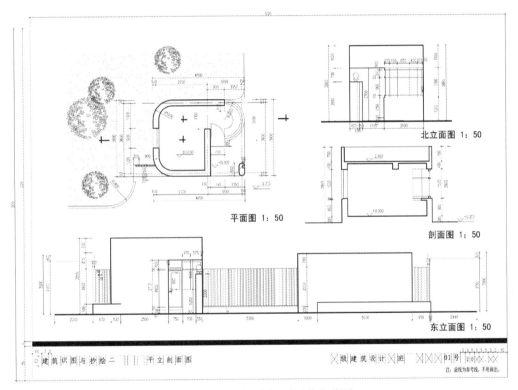

图 4-4-6　平立剖面练习作业范图

（4）剖面图的剖切位置应在平面图上选择能反映建筑特征以及有代表性的部位。剖面图应包括剖切面和投影方向可见的建筑构造、构配件以及必要的尺寸、标高等。被剖切到的墙线要用粗实线绘制，被剖切到的构造要表示出来，特别注意要表示出楼板与梁的构造关系，门窗与可见线均用细线表示。本作业建筑地基为夯实土壤，楼板厚度为 100 mm，梁高为 500～700 mm。剖面图上剖切符号可用阿拉伯数字、罗马数字或拉丁字母编号。

（5）建筑平面图布图尽可能接近上北、下南、左西、右东的原则；立面图、剖面图的布图尽量保持与平面图一致的方向关系（如南立面、北立面、纵剖面图尽量与平面图方向一致）；剖面图必须与平面图上剖切符号的位置和剖切方向相一致；相邻的立面图或剖面图，宜绘制在同一水平线上,相互有关的尺寸及标高,宜标注在同一竖线上。

作业 7　建筑测绘

通过对建筑小品实地测绘,并将测量到的数据与资料绘制成图,进一步掌握建筑工程图纸与建筑实物之间的关系,巩固课堂内所学的建筑制图方法、步骤及规范;了解建筑空间的构成原理,理解并掌握基本的建筑空间布局与尺度。

时间:3 周。

工具材料:(H、2H)铅笔,(0.2 mm、0.5 mm、0.8 mm)针管笔,60 cm 丁字尺,三角板,比例尺,刀片,绘图橡皮,圆规,2 号图板,白卡纸,玻璃胶带纸等。

成果:一幅 50 cm×36 cm 建筑小品测绘图。

操作步骤:参见"4.4.3 测绘步骤"和"4.1.3 制图步骤"。

注意事项:

(1) 测量时皮尺要拉紧拉直,以免数据不正确。

(2) 对于一些重要的细部与构件,宜画出大样,并记录好所在位置。

(3) 进行完室外测绘工作后,首先要做的就是对数据进行核对,检查是否存在所测数据相互矛盾,是否存在与经验数据相互矛盾,对于发现的问题要搞清楚原因。

(4) 在整理数据中,还要考虑建筑的特殊性以及存在的模数关系,对部分数据进行修正,而不能简单地追求表面的精确。

(5) 对于出入较大的数据以及漏测的数据要重新去现场补测。

第5单元　建筑方案综合表达

单元课题概况

单元课题时间：本课题共 16 课时。

课题教学要求：

(1) 训练和掌握建筑配景图的绘制。

(2) 初步熟悉建筑图文排版的原理和操作。

(3) 通过制作建筑模型，增强对建筑总平面图、平立剖面图的理解。

课题重点内容：

(1) 平、立面建筑配景图的绘制。

(2) 建筑效果图的构图。

(3) 图文排版的主要原则。

(4) 制作建筑模型的方法和步骤。

课题作业要求：建筑方案图纸和模型综合表达。

5.1　图纸表达

5.1.1　建筑配景

1. 树木

建筑总平面图中的道路、庭院、广场等室外空间，以及平、立、剖面图和室内设计图上，都离不开树木、绿地，这是建筑师设计中应考虑的问题之一。

平面图中树木的绘制多采用树木的平面图案，如灌木丛一般多为自由变化的变形虫外形（见图 5-1-1）；乔木多采用圆形，圆形内的线可依树种特色绘制，如针叶树多采用从圆心向外辐射的线束（见图 5-1-2）；热带大叶树多用大叶形的图案表示；阔叶树又多采

图 5-1-1　灌木丛平面

用中间主干向枝干发散。但有时亦完全不顾及树木种类而纯以图案表示（见图 5-1-3）。

立面和剖面图中树木的绘制多采用树木的立面图案，树木的整体形状基本决定于树木的枝干，理解了枝干结构即能画得正确。树木的枝干大致可归纳为下面几类：

(1) 枝干呈辐射状态(见图 5-1-4),即枝杆于主杆顶部呈放射状出权。

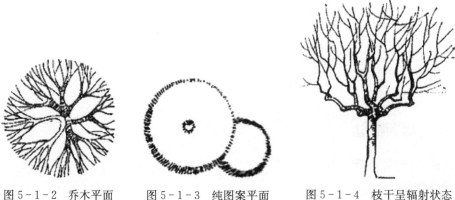

图 5-1-2 乔木平面　　图 5-1-3 纯图案平面　　图 5-1-4 枝干呈辐射状态

(2) 枝干沿着主干垂直方向相对或交错出权(见图 5-1-5),出权的方向有向上、平伸、下挂和倒垂几种,此种树的主干一般较为高大。

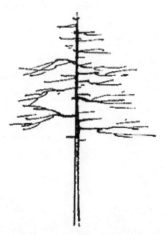

图 5-1-5 枝干沿着主干垂　　图 5-1-6 枝干与主干由下往
直方向相对或交　　　　　　上逐渐分权
错出权

(3) 枝干与主干由下往上逐渐分权(见图 5-1-6),愈向上出权愈多,细枝愈密,且树叶繁茂,此类树型一般比较优美。

建筑图要表现出画面的空间感,一般要分别画上远景、中景、近景三个层次的树木。

(1) 远景树木:通常位于建筑物背后,起衬托作用,树木的深浅色调以能衬托建筑物为准。建筑物深则背景宜浅色调,反之则用深色调背景;远景树木只需要画出轮廓,树丛色调可上深下浅、上实下虚,以表示近地的雾霭所造成的深远空间感。

(2) 中景树木:往往和建筑物处于同一层面,也可位于建筑物前,画中景树木要抓住树形轮廓,概括枝叶,表现出不同树种的特征。

(3) 近景树木:描绘近景树木要细致具体,如树干应画出树皮纹理;树叶亦能表现树种特色,树叶除用自由线条表现明暗外,亦可用点、圈、条带、组线、三角形及各种几何图形,以高度抽象简化的方法去描绘。

2. 人物

建筑画中配景人物的作用是通过贴近建筑物以显示建筑物的尺度,可使画面具有动态气氛和生活气息,通过人物的动态可使建筑重点更加突出,远、近层次适当的人物配景可增加建筑空间感。

人物配景在于使建筑造型富于动态,因此人物衣服的外形、色彩表现都很重要,但脸部不宜仔细或不予表现,以求整体效果(见图 5-1-7)。近年来,人物配景图流行只画人物框线,完全或部分留白(见图 5-1-8),以降低配景画面的复杂性。画人物的动向应该有向心的"聚"的效果,不宜过分分散与动向混乱。

图 5-1-7　人物配景图

图 5-1-8　人物框线配景图

3. 车辆

车辆配景的关键在于画车辆时一定要注意车辆的外形线条要简洁、大小比例和透视方向要正确。由于车辆的种类繁多、外形复杂,本身就有立体透视关系,因此画得不好或不准确就会与建筑的大小比例和透视方向不一致,破坏画面的整体效果。

在平面图上车辆配景采用车辆的平面图案,在立面和剖面图上则采用车辆的立面图案(见图 5-1-9)。

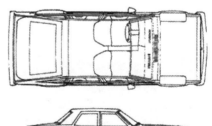
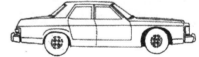

图 5-1-9　车辆的平面图、立面图

5.1.2　建筑效果图

建筑效果图是以建筑的平面、立面、剖面设计为依据,对建筑体量、形体、风格及其周围环境关系表达,它所表达的内容与深度与普通绘画差别较大,既要求表现的内容准确真实,并具有一定的细部深度,又要求具有较强的艺术效果。

1. 画面构图

建筑物作为建筑绘画中的主要内容,在画面中的位置和所占比例是构图的关键,建筑的中心与画面的中心不应该重合,而应适当偏离,从而使天大地小、主立面前方空间开阔,以达到画面稳定的效果。建筑画中建筑物通常位于画面下部三分之二以内,建筑体量一般占据画面的三分之一左右(见图5-1-10);鸟瞰图因视点提高、视野广阔,使建筑物几乎涉及整个画面(见图5-1-11);建筑配景只是作为建筑的陪衬,起到一定的均衡构图、活跃画面、丰富层次的作用。

图5-1-10 平视效果图示例1

图5-1-11 鸟瞰效果图示例

2. 整体协调

在建筑绘画一开始就要对画面作整体构思:在突出建筑重点的同时,要处理好整体与局部、重点与配角的关系;通过对色调、明暗、虚实、主次之间的恰当处理,使画面既有重点,又有均衡(见图5-1-12、图5-1-13),做到整体协调、富有变化。

图5-1-12 平视效果图示例2

图5-1-13 平视效果图示例3

3. 突出重点

突出重点、避免平均罗列是使建筑效果图成功的关键,图面重点一般位于建筑物出入口或设计中的亮点之处,要突出的重点最好只有一个,多中心等于无中心。为了突出重点,一方面可采用对比的手法,如繁简对比,以"实"的手法仔细刻画建筑重点部分,并且以"虚"的手法概括非重点部分,以形成对比、突出重点(见图5-1-14、图5-1-15);再通过"虚"、"实"过渡达到整体协调;另一方面可采用视线引导的方法也能突出重点,通过建筑配景中人物与车辆运动的方向感以及引导线(如地面分割线等)的方向感,将画面的注意力引向重点。

| 图 5 - 1 - 14　平视效果图示例 4 | 图 5 - 1 - 15　平视效果图示例 5 |

4. 配景设计

任何建筑都与人、绿化、天空、车辆、其他建筑等环境要素不可分割,因此为了表现画面的真实性,必须有建筑配景。配景应该起陪衬和尺度感的作用,不应该喧宾夺主和比例失调。配景的内容主要有人物、车辆、植物、天空、草地及其他铺地、街具等,一般植物、天空、地面作为主要配景,辅以人物、车辆、街具等。配景层次可分为近景、中景和远景,远景可只画轮廓线,线内基本平涂略有变化;中景略作体积感和细节;近景不强调体积,但其形要基本准确,并表现其基本特征。配景的尺度和透视方向必须与建筑物保持一致,形象应该简洁,这样更易于与几何形的主体建筑物相协调。

5.2　图文排版

5.2.1　排版基本原则

1. 原则一:规整

四边留空:沿图纸四周向内留出相同宽度的白边,所有图形的外围齐止于这条边线。留空宽度由图形密度而定,图形较密的留空窄、图形稀疏的留空要宽,留空宽度常为 3～6 cm。

图形对位:两个以上的图形上下或左右间的位置基本接近时,最好相互完全对齐,以体现规整,如果构图的意图是形成错落,则要相互明显地错开足够距离,避免既接近又不对位,使得局面杂乱。需要图形对位的常见情形有:各平面之间的轴线或横向或纵向对齐;各立面、剖面的地平线横向对齐;各立面、剖面的某一侧(多数为接近图纸边沿的一侧)外廓(端墙)纵向对齐;各图形的图名文字横向或纵向对齐(见图 5 - 2 - 1、图 5 - 2 - 2)。

2. 原则二:饱满

实角、齐边、虚中:图形首先占据四角,继而沿边线排布,尽量避免位于图纸正中,在基本均匀的前提下,周边的图形密度略大于中央,易形成方正、规整的观感;相反,图纸中央紧密则容易争抢视线成为焦点,分散甚至削弱规整周边图形的表现力度,使得整体构图失去平衡感和稳定感。

图 5-2-1　优秀图文排版示例1　　　图 5-2-2　优秀图文排版示例2

3. 原则三:均衡

下重上轻:线条较密集的图显得较重,宜放在线条较稀疏的图形下方。图形外轮廓方正齐整的宜放在起伏动势较丰富的图形下方。

5.2.2　重点构图元素

三维效果图、总平面图和标题是排版构图中的重要构图元素,重要构图元素的安置是整幅构图的主导,可以首先将效果图设置在全图视线最佳的左右偏上部位,再在对角部位设置总平面,然后根据图形轻重排布平、立、剖面图,最后调整标题字的纵横、上下争取全图的平衡。

1. 三维效果图

三维效果图本身造型突出,影调色彩和环境配景的渲染更强化了其整体表现力,是全图的夺目焦点,左右着整幅构图的基本格局;另一方面,三维图形具有强烈的动势,需要足够的图幅空间提供伸展。

2. 总平面图

总平面带有浓重的落影和满铺场地,构图的重量仅次于三维效果图;由于总平面图的外廓相对方正,能够在全图各个部位妥善安置,可以主动地调整构图平衡(见图 5-2-3、图5-2-4)。

3. 标题字

标题字可以横排、竖排形成长向条带,也可以灵活组成其他图形,这种长向条带显著区别于方块状的各种建筑图形,成为一种特殊的构图元素,因而能够积极地引导视线,强化布局走向,调整轻重分配。运用标题字的构图作用,关键在于把标题视作一个整体的色块,并通过加粗笔宽、收缩间距,填补或衬色等方法强化整体条块的观感。

图 5-2-3　优秀图文排版示例 3

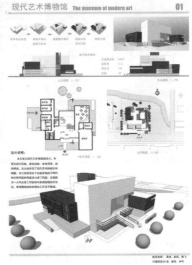

图 5-2-4　优秀图文排版示例 4

5.3　模型制作

5.3.1　概念与作用

建筑模型是用模型材料按一定的比例来模拟制作建筑构件、建筑体量、建筑空间、建筑环境等,并将这些元素组合成建筑的三维空间形态,以表达设计者对建筑与环境的创作成果。

建筑模型以其特有的形象表现力和设计方案之空间效果在国内外建筑设计、各类规划及各种展览等许多领域已广泛应用,用以表现建筑物或建筑群的立体效果和空间关系,对于功能复杂、艺术造型富于变化、对环境及景观要求高的现代建筑,尤其需要用模型辅助设计创作,用三维的立体模式来研究和推敲建筑及其与环境的关系,并可以形象、直观地体现设计意图和判断设计的优势和缺点。

5.3.2　基本类型

按照模型主体的表达内容,广义上的建筑模型一般可分为规划模型(见图 5-3-1)、建筑模型、室内模型、构造模型(见图 5-3-2)、局部模型等,本书重点介绍建筑模型。

建筑模型表达可以作为一种设计媒介贯穿于建筑设计的全过程,按照建筑设计阶段模型的基本种类可分为概念模型、工作模型、成果模型。

1. 概念模型

概念模型一般采用较简单的材料、工具、技术,所用的比例可以小于成果模型所要求的比例,概念模型通过塑造建筑的形体、大小、位置、布局等来表达建筑设计最基本的构思及其空间效果(见图 5-3-3、图 5-3-4)。

图 5-3-1　规划模型

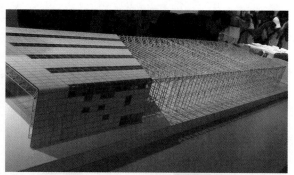

图 5-3-2　构造模型

图 5-3-3　概念模型一

图 5-3-4　概念模型二

2. 工作模型

工作模型是在设计过程中变化频繁的模型,随着设计的不断深入而相应地动态表达,所选用的比例也接近成果模型所要求的比例。工作模型的作用不仅是表达,而且应有助于设计的推敲和深化。其表达的重点在于建筑与环境的关系、建筑的三维形体、立面效果等,工作模型所采用的材料、工具、技术也与其要求相一致(见图 5-3-5、图 5-3-6)。

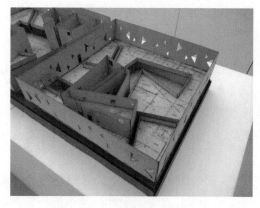

图 5-3-5　研究室内空间关系

图 5-3-6　推敲建筑与周边关系

3. 成果模型

成果模型顾名思义是表达最终的设计成果,建筑成果模型不仅要表达建筑与环境的和谐关系,对建筑主体的形体和立面效果的表现更要准确、精细,选用合适的材料来雕琢、点缀主体建筑及其环境,以创造出别致的、具有独特风格和艺术效果的模型(见图 5 - 3 - 7、图 5 - 3 - 8)。

图 5 - 3 - 7　上海喜马拉雅艺术中心成果模型　　　图 5 - 3 - 8　山水城市方案成果模型

5.3.3　材料和工具

1. 常用建筑模型制作材料

常用的建筑模型材料有纸类、塑料类、木材类、金属类、其他材料和粘结材料。纸类材料包括卡纸(有不同肌理、不同质感之分)、厚纸板、瓦楞纸等,种类繁多,色彩丰富,易于加工(见图 5 - 3 - 9)。塑料类材料主要有有机玻璃、吹塑纸、ABS 塑胶板和硬泡沫等。有机玻璃轻巧且易于加工,色彩丰富,其最大的特点是可以塑形、定形,因而能用来制作不规则的曲面、异形和异体。吹塑纸和硬泡沫易于切割成块体和面板,可用来制作概念模型(见图 5 - 3 - 10)。木材类材料包括实木、木片板、木棍和胶合板,因木材坚固稳定、易于加工、效果自然而常被用作建筑模型制作(见图 5 - 3 - 11)。金属类材料包括铁丝、金属薄板、金属管、金属丝等(见图5 - 3 - 12)。

部分日常物品也可用作建筑模型制作材料,如织物可作点缀材料、珠子可作灯具、大头针、牙签、易拉罐、窗纱、米粒等都有可用之处,特别是小树枝、干花、塑料泡沫等不失为制作

图 5 - 3 - 9　卡纸

图 5 - 3 - 10　有机玻璃

图 5 - 3 - 11　木板

图 5 - 3 - 12　铁丝

模型绿化环境的好材料。粘结材料用来组合建筑模型的各个部件,常用的粘结材料有胶粘剂和胶带两大类。

2. 建筑模型制作工具

建筑模型制作常备的一般工具有:

(1) 尺类:钢尺、切割尺和靠放角尺等。

(2) 刀类:万用刀、手术刀、切割器和切割垫等。

(3) 磨光用具:砂纸或磨光石等。

(4) 画图用具:笔、纸、画线器等。

还有一些制作成果模型常用的较大工具,如各类锯、磨光用的锉刀、切割用具、激光雕刻机、数控铣床等。

5.3.4　制作步骤

1. 选择材料与准备工具

建筑模型制作前,先要在上述介绍的建筑模型制作材料和工具中选择合适的模型制作材料和工具,所选用材料在色彩、质感、效果上都要考虑彼此协调,包括绿化、水面等表达环境配景的模型材料,准备的工具应适合所选用模型制作材料的加工制作。

2. 确定比例与整理数据

一般而言,比例为 1∶500 的模型用于建筑方案构思阶段,只表现建筑形体及其空间形象;比例为 1∶200 到 1∶50 的建筑模型可以具体、详实地表现建筑立面。建筑模型制作前要根据不同的设计阶段和不同的要求来确定比例,确定了建筑模型的比例后,要整理好相应比例的各类建筑构件的数据,如基地大小、建筑长度与宽度、门窗及各构配件的尺寸大小等。

3. 构件制作

建筑模型一般由三部分组成:建筑物、地形托盘和环境绿化,建筑物和地形托盘可以同时或先后分别制作,环境绿化要在建筑物和地形托盘整体拼装后再予制作。

构件制作程序一般为:先将所整理好的各种建筑构件数据分别标注在模型材料上,然后进行切割;再将切割好的各种构件分别制作成屋顶、外墙、台阶等建筑构成的各个部分(见图5-3-13);然后将各个部分组装成建筑。形体复杂的建筑需分段制作,最后将各部分严密衔接成整体建筑(见图5-3-14)。

图 5-3-13　切割构件　　　　　　　　图 5-3-14　构件组装

地形托盘的制作要有一定的厚度、整齐的包边,材料的色彩与质地必须与模型建筑物整体协调,地形托盘上留出建筑物的位置,布置上道路、绿地、水面、出入口、指北针及标注字体等。

4. 整体拼装

将整体建筑准确地固定到地形托盘指定的位置上,建筑物与地形托盘的精确牢固衔接是保证模型质量的关键之一。最后"种植树木"、放上"车辆、路灯"及其他配景材料,对视觉效果要求较高的建筑模型,还要布置上灯光设备,以显示其丰富多变的空间效果。

作业 8　建筑方案表达和模型制作

1. 图纸表达

通过传达室方案图抄绘,进一步理解建筑总平面图、平面图、立面图、剖面图之间的关系,掌握建筑方案图整套图纸的制图方法、步骤、图例及规范(见图5-3-15)。

时间:2 周。

工具材料:(H、2H)铅笔,(0.2 mm、0.5 mm、0.8 mm)针管笔,60 cm 丁字尺,三角板,比

例尺,刀片,绘图橡皮,圆规,2号图板,白卡纸,玻璃胶带纸等。

成果:一套 50 cm×36 cm 建筑方案图。

操作步骤:参见"3.1.3 制图步骤"。

注意事项:参见"作业 5 总平面图"和"作业 6 平、立、剖面图"的注意事项。

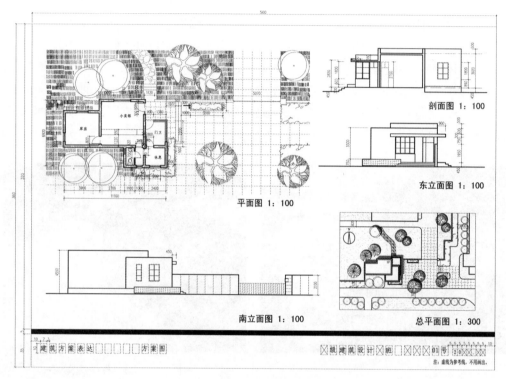

图 5-3-15　图纸表达作业范图

2. 模型表达

本模型以 1∶50 的比例进行制作,通过模型制作进一步理解二维设计图——建筑总平面图、平立剖面图与三维空间的关系(见图 5-3-16～图 5-3-19)。

时间:2 周。

工具材料:参见"5.3.3 材料和工具"。

成果:"平剖"剖切模型 1∶30、总体模型 1∶50。

操作步骤:参见"5.3.4 制作步骤"。

注意事项:

(1) 由于频繁使用各种工具,应学会安全使用工具的方法,安全应放在首位,同时还必须准备一些以防创伤的药品,如创口贴、红药水、纱布等。

(2) 部分模型材料易燃或者不够环保,如油料,香蕉水,涂布清漆等要妥善保管,完毕后应做安全检查。

(3) 要养成爱护公物的良好习惯,模型制作时使用工作台板,不要在桌面乱刻乱划,工具使用后归还原处,保持模型工作室整洁。

图 5-3-16　总体模型示范

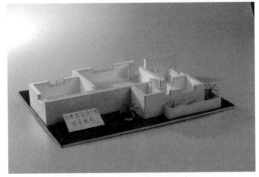

图 5-3-17　平面剖切模型示范

图 5-3-18　剖面剖切模型示范 1

图 5-3-19　剖面剖切模型示范 2

结　束　语

在《建筑初步（上）》一书即将完成之际，我想借此机会向那些为本书做出贡献的人员表示我的诚挚谢意。

首先应该感谢的是学院和建筑系相关领导对该书的大力支持，正是在他们的积极支持和鼓励下，才使得该书得以顺利完成。

其次要衷心感谢以下专家抽出宝贵的时间，在写作过程中为我提供了无私的支持，他们包括郑孝正、朱谋隆、陈金寿、华耘、邓靖、庄俊倩、赵玲珍等，正是他们的意见或建议，使我对高职建筑基础课的认识更加全面和深刻。

随着本书写作的深入，以及新资料的不断加入，马怡红、俞波两位老师协助了部分章节的写作，写作过程辛苦而繁琐，对以上两位老师的认真工作，在此表示由衷的谢意。

另外，我还要特别感谢以姬鸣同学为代表的08－10级的部分同学，他们不仅为本书提供了大量优秀作品，也帮助我进行资料查询、图文编排和后期制作等工作，没有他们的大力协助，本书的写作将会遇到很大困难。

由于种种原因，这里可能并没有完全列出提供帮助的所有人员，而且随着时间的推移或整理工作的疏忽，与本书内容有关的部分人士信息可能出现标注不当之处，对此我向您们表示诚挚的歉意，也欢迎及时沟通指正。

尽管以上领导、专家、同事、朋友和学生向我提供了大量的帮助，但由于高职建筑基础教育的复杂性，以及本人自身工作的不足，书中仍不免存在一些疏漏之处，在此我力争在以后的工作中进一步完善，也衷心希望各界人士对该书不吝赐教，提出更多宝贵的意见或建议。

袁　铭

2013 年 12 月

图片索引

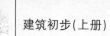
注:所有图片除了标注出处以外均为作者自摄或绘制。

主要参考书目

［1］朱德本,朱琦. 建筑初步新教程(第二版). 同济大学出版社,2009

［2］潘谷西主编. 中国建筑史(第六版). 中国建筑工业出版社,2009

［3］陈志华. 外国建筑史(19 世纪末叶以前)(第四版). 中国建筑工业出版社,2009

［4］房屋建筑制图统一标准 GB50001—2010

［5］建筑制图统一标准 GB50104—2010

［6］总图制图标准 GB/T50103—2010

［7］杨维菊主编. 建筑构造设计(上、下册). 中国建筑工业出版社,2005

［8］薛家勇编著. 快题设计表现. 同济大学出版社,2008

［9］潘明率,王晓博. 建筑设计基本知识与技能训练. 中国电力出版社,2008

［10］[美]欧内斯特·伯登. 建筑设计配景图库(第三版). 中国建筑工业出版社,1997